聪明宝宝最爱吃的279例美食

王雯雯◎主编

中国医药科技出版社

内容提要

做妈妈是一件快乐的事，养育好宝宝则是每位妈妈不可推卸的责任，宝宝不爱吃饭是让爸爸妈妈们常常头疼的大问题，也许只是你没有找到宝宝爱吃的食物，本书为你提供279例营养美食食谱，作者费尽心思变换饭菜的花样，每道美食均结合宝宝的生理特点和饮食习惯，保证宝宝获取所需的各种营养，使宝宝在享受美食的同时增强体能、减少患病、茁壮成长。相信本书一定能帮助你为宝宝烹制出色、香、味、形俱佳的营养美食。

图书在版编目（CIP）数据

聪明宝宝最爱吃的279例美食／王雯雯主编．—北京：中国医药科技出版社，2015.1

ISBN 978－7－5067－7092－7

Ⅰ．①聪… Ⅱ．①王… Ⅲ．①婴幼儿－保健－食谱 Ⅳ．①TS972.162

中国版本图书馆CIP数据核字（2014）第252041号

责任编辑 白 极
美术编辑 杜 帅
版式设计 吴 芳

出版 中国医药科技出版社
地址 北京市海淀区文慧园北路甲22号
邮编 100082
电话 发行:010－62227427 邮购:010－62236938
网址 www.cmstp.com
规格 710×1020mm 1/16
印张 15.5
字数 188千字
版次 2015年1月第1版
印次 2015年1月第1次印刷
印刷 北京金特印刷有限责任公司
经销 全国各地新华书店
书号 ISBN 978－7－5067－7092－7
定价 32.80元

前 言

4~6个月辅食初添加时该给宝宝吃什么？1岁以后奶类退为次要地位、饭食成为营养主要来源时应该怎样让宝宝吃饱吃好？2~3岁时宝宝不爱吃饭怎么办？

离乳是每个母乳妈妈的必经过程，辅食的添加则是离乳的第一步，世界卫生组织建议4个月以上的宝宝可以开始添加辅食。宝宝的辅食添加应以循序渐进、一餐一餐的方式开始。给宝宝添加辅食，不仅是营养的需要，更是要让他们逐渐适应固体食物，培养良好的饮食习惯。宝宝娇嫩的身体各方面指标都比较脆弱，所以爸爸妈妈做的辅食，一定要考虑到宝宝是否能够消化吸收。

本书根据0~6岁宝宝各个时期成长发育的特点和口腔、肠胃的功能特点，将宝宝的辅食添加和营养配餐分为5个阶段，并给出不同阶段的喂养方案。书中每道菜谱都配有精美的菜品图片，还给出了具体的操作方法，这样可以让读者更明确菜肴的用料、用量、制作关键步骤等环节，增强了菜谱的实用性和可行性。特别是对于对菜谱感兴趣，但是对下厨并不精通的读者最适用不过。书中的每一种食材都是日常生活中随处可见的，制作方法简单易学，让妈妈看得明白，让宝宝吃得健康和聪明！

这是一本专门为年轻父母准备的书，一步步指导爸爸妈妈们为宝宝制作出精美可口的营养餐。结合宝宝不同时期发育的特点，在食物的形态、口感以及营养搭配上，都能满足宝宝所需，让宝宝吃得更全面，吃得更健康。

目录

CONTENTS

第一章　宝宝初长成，母乳伴辅食（4~6个月宝宝食谱）

003 第一节　4~6个月的宝宝吃什么辅食最聪明

004 第二节　4~6个月的宝宝补钙食谱

004 牛奶香蕉糊
005 鱼菜米糊
006 小白菜水
007 鲫鱼汤
008 油菜水
008 萝卜水
009 苹果香蕉酸奶
010 菠菜汁
010 蔬菜泥
011 鸡肝胡萝卜粥
012 西瓜豆腐脑
013 毛豆泥
013 鲜虾肉泥
014 牛奶面包粥
015 牛奶蛋黄粥
015 鳙鱼芹菜粥
016 骨枣汤
017 西红柿鱼糊
017 鱼泥

019 第三节 4~6个月的宝宝辅食推荐食谱

019 草莓汁
020 蔬菜牛奶糊
020 空心菜汁
021 花生紫米糊
021 地瓜叶汁
022 苹果燕麦糊
023 香瓜汁
023 甘蔗红枣桂圆甜汤
024 葡萄柚子汁
025 黄瓜汁
026 番茄汁
027 大米汤
027 玉米汁
028 生菜苹果汁
029 鲜果时蔬汁
030 葡萄汁
030 猕猴桃汁
031 绿豆汤
032 雪梨汁
033 莲藕汤
034 米糊豆浆
034 蛋黄泥
035 鱼肉泥
036 红枣蛋黄泥
037 小米粥
037 香蕉奶糊
038 牛奶粥
039 饼干粥
040 蛋黄粥
040 芹菜米粉汤
041 蔬菜牛奶羹
042 青菜糊
042 牛奶藕粉
043 水果藕粉

第二章 宝宝最爱吃，妈妈要牢记（7~9个月宝宝食谱）

047 第一节 7~9个月的宝宝吃什么最健康

049 第二节 7~9个月的宝宝补锌、补铁食谱

049 双色蛋黄泥
050 鱼香马蹄鸭肝片
051 五彩黄鱼羹
052 绿花菜炸牛排份饭
052 鸡肝芝麻粥
053 鱼泥豆腐鸡蛋羹

054 鲜菠菜水
054 虾皮拌菠菜
055 香菇米粥
055 牛肉粥
056 鱼肉水饺
057 清蒸肝糊
058 枣泥肝羹
058 奶酪南瓜羹
059 西兰花牛肉泥
060 虾酱鸡肉豆腐
061 香菇肉丝
062 猪肝泥
062 猪肝米糊
063 鱼泥豆腐羹
063 肝末蛋羹
064 番茄鸭肝泥
064 肉菜卷
065 肝泥蛋羹
065 三色肝末
066 牛奶蛋
066 猪肝粥

068 第三节 7~9个月的宝宝推荐食谱

068 鱼肉豆腐羹
068 猪肉豆腐羹
069 红小豆泥
070 鸡肝糊
070 生菜猪肝泥
071 番茄豆腐
072 香菇豆腐汤
072 番茄鱼肉粥
073 栗子粥
074 银鱼蛋黄菠菜粥
074 鸡肉粥
075 鸡肝粥
076 香甜南瓜粥
076 蛋黄豌豆粥
077 豆腐蒸肉
078 鸡蛋羹
079 番茄蛋羹
080 蔬菜蛋羹
081 肉泥蛋羹
081 酸奶蛋羹
082 三鲜蛋羹
082 奶油水果蛋羹
083 蛋花鸡汤烂面
083 蛋花藕粉
084 双花稀粥
084 肝泥酸奶
085 番茄猪肝泥
086 肝泥烂面

086 香蕉蜜奶
087 苹果奶粥
088 海鲜粥
089 玉米粥
089 南瓜奶粥
090 乳酪粥
091 果汁豆腐脑
091 肉蛋豆腐粥
092 奶汁豆腐
093 酸奶豆腐
093 水果豆腐
094 翡翠豆腐
095 蒸鱼泥豆腐
095 阳光翠绿粥
096 疙瘩汤
097 虾末菜花
098 山药羹
098 小白菜玉米粥
099 什锦猪肉菜末
100 杏仁苹果豆腐羹
100 黑木耳番茄炒鸡蛋
101 太极玉米天河素
102 黄花菜猪瘦肉汤
103 银耳南瓜粥
104 鸡蓉玉米蘑菇汤
104 鳕鱼酸奶汤
105 肉末卷心菜

第三章　宝宝要断奶，妈妈早准备（10~12个月宝宝食谱）

109 第一节　10~12个月的宝宝吃什么易断奶
111 第二节　10~12个月的宝宝断奶食谱

111 火腿土豆泥
112 葡萄干土豆泥
112 花豆腐
113 水果藕粉粥
114 海鲜蛋饼
115 肝肉泥
116 猪骨胡萝卜泥
117 鸡汁土豆泥
117 鱼泥豆腐苋菜粥
118 菠菜蛋黄粥
119 胡萝卜泥青菜肉末菜粥
120 虾仁豆腐豌豆泥粥

120 菠菜土豆肉末粥
121 鱼泥青菜蕃茄粥
122 西红柿土豆鸡末粥
123 贝母粥
123 芝麻粥

125 第三节 10~12个月的宝宝推荐食谱

125 肉松饭卷
126 肉汤煮饺子
127 蛋饺
127 浇汁丸子
128 摊肉饼
129 青菜肉饼
129 蒸鱼丸
131 肉汤焖鱼
131 太阳豆腐
132 什锦豆腐糊
133 拌茄泥
133 豆腐软饭
134 枣泥软饭
135 什锦烩饭
136 酱汁面条
136 鸡丝面片
137 土豆饼
138 南瓜饼
139 鱼泥饼
139 肉末饼
140 葱花饼
141 鸡蛋饼
141 肉馅饼
142 甜发糕
143 水果发糕
144 白玉土豆凉糕
145 玲珑馒头
145 小肉松卷
146 小笼包子
146 鲜肉馄饨
147 鲜虾摊饼
148 什锦细面
149 面包布丁
149 肉末软饭
150 胡萝卜鸡蛋青菜饼
151 蔬菜鸡蛋羹
152 奶酪蔬菜鳕鱼
153 猪肝丸子
154 鸡肉番茄羹
154 奶味蔬菜火腿
155 苹果杏仁豆腐羹
156 蔬菜鸡肉粥
156 水果麦片粥
157 红枣小米粥

157 五彩疙瘩汤
158 南瓜牛奶汤
159 丝瓜虾皮猪肝汤
160 胡萝卜瘦肉泥粥

第四章 宝宝要聪明，健脑是关键（1~3岁宝宝食谱）

163 第一节 1~3岁的宝宝吃什么最强壮
168 第二节 1~3岁的宝宝补脑益智食谱
168 什锦蛋丝
169 肉末番茄豆腐
169 苹果沙拉
170 奶蓉番茄
171 鱼头冬瓜煲粥
172 孜然鱿鱼丝
172 豆腐蒸鲑鱼
173 煎小鱼饼
174 核桃腰果露
174 核桃鸡丁
175 蛋皮寿司
176 红烧野兔肉
177 碎果仁麦片粥
177 莲藕苹果排骨汤
178 肉香紫菜蛋卷
179 菠菜洋葱牛奶羹
181 第三节 1~3岁的宝宝推荐食谱
181 胡萝卜炒肉丝
182 鲜肉土豆泥
182 海带丝炒肉丝
183 木瓜菠萝奶
184 烂糊肉丝
184 蛋黄炒南瓜
185 韭菜梗炒肉丝
185 鲜虾蛋饺汤
186 扁豆炒肉丝
187 蒜苗炒肉丝
188 莴笋炒肉丝
189 青椒炒肉丝
190 苋菜银鱼粥
190 绿豆芽炒肉丝

191 蟹肉蒸蛋
191 狮子头
192 四喜丸子
193 芝麻猪肝
193 刺猬丸子
194 鸡丝粥
194 氽丸子汤
195 芹菜炒猪肝
196 番茄丸子
196 肉菜馅饼
197 甜酸丸子
198 滑炒鸭丝
198 海鲜汤

第五章 宝宝吃得好，健康生病少（3~6 岁宝宝食谱）

203 第一节 3~6 岁的宝宝吃什么免疫力强
208 第二节 3~6 岁的宝宝长高食谱
208 猪肝菠菜粥
209 青豆虾仁
209 玉米板栗排骨汤
210 糍饭糕
211 红枣豆浆
212 香蕉枸杞燕麦粥
212 南瓜花生羹
213 紫菜烧卖
214 蚕豆炒脆骨肉
215 锅包肉
216 丝瓜排骨粥
216 糖醋红曲排骨
217 鸡丝拌豆腐皮
218 紫菜豆腐羹
220 第三节 3~6 岁的宝宝推荐食谱
220 腐竹烧肉
221 粟米鱼块
221 西红柿黄焖牛肉
222 番薯肝扒
223 肉丝炒菠菜
224 清蒸凤尾菇
225 白菜炒木蟹肉
225 黄瓜拌墨斗鱼
226 酱烧茄子
227 排骨炖土豆

228 虾皮冬瓜
228 培根蔬菜卷
229 珊瑚豆腐
230 肉片炒油菜
230 番茄虾仁炒饭
231 茄汁鸡蛋
232 韭黄肉丝蛋面
233 四喜蒸饺
233 茭白炒金针菇
234 金针菇炒丝瓜
235 毛豆浓汤
236 桂圆山药汤

第一章

宝宝初长成，母乳伴辅食

（4~6个月宝宝食谱）

第一节　4～6 个月的宝宝吃什么辅食最聪明

4～6 个月的宝宝开始从妈妈的母乳中进入半自助饮食的状态，这时可以开始添加辅食。给宝宝添加辅食时应该由少量到适量，由一种辅食到多种辅食，食物由稀到稠，由细到粗。

在西方发达国家，多样化的营养摄入喂养观念早已得到普及。这些国家提倡宝宝应该通过多样化的辅食品类的相互组合搭配，摄取多样化的营养物质，以此满足宝宝生长发育的营养需求。

首先，4～6 个月宝宝的食物是以乳类为主，泥糊状食物为辅。营养专家认为：4～6 个月宝宝的辅食任务是以乳品为主要食物，少量添加流质、半流质的食物，或者蔬汁或果蔬米粉，以便让宝宝适应从流质食物向半流质食物的过渡；并从这些辅食中摄入足量的热能、蛋白质、铁以及各种维生素和纤维素，供宝宝在这个阶段生长的需要。

其次，添加方法可从宝宝的晚餐开始，先给宝宝吃辅食，之后再喂乳品。4～6 个月的宝宝一天的餐数可以由 5 顿奶加 1 顿辅食构成，辅食可以放在晚餐。

这个阶段的宝宝可以享受诸如蛋黄、各种水果、胡萝卜、马铃薯、青豆、南瓜等食物。同时，由于这个时期宝宝的肠胃特别娇嫩，像蛋白、酸味重的水果（如橙子、柠檬）等，则暂时不宜给宝宝食用，等到宝宝 1 岁之后，消化系统得到一定发育和生长的时候才能让宝宝食用。

第二节　4～6个月的宝宝补钙食谱

牛奶香蕉糊

香蕉素有“智慧之果”的美称，人体常食此糊有益智作用，有利大脑发育和骨骼的生长。香蕉能缓和胃酸的刺激，保护胃黏膜，让人体拥有“胃”动力。奶中的蛋白质主要是酪蛋白、白蛋白、球蛋白、乳蛋白等，所含的20多种氨基酸中有人体必须的8种氨基酸，奶蛋白质是全价的蛋白质，它的消化率高达98%。乳脂肪是高质量的脂肪，品质最好，它的消化率在95%以上，而且含有大量的脂溶性维生素。奶中的乳糖是半乳糖和乳糖，是最容易消化吸收的糖类。奶中的矿物质和微量元素都是溶解状态，而且各种矿物质的含量比例，特别是钙、磷的比例比较合适，很容易消化吸收。

准备食材：

香蕉20克、牛奶30克、玉米面5克、白糖5克、水适量。

制作方法：

步骤1：将香蕉去皮后，用勺子研碎。

步骤2：将牛奶倒入锅中，加入玉米面和白糖，边煮边搅均匀。

（注意：一定要把牛奶、玉米面煮熟。）

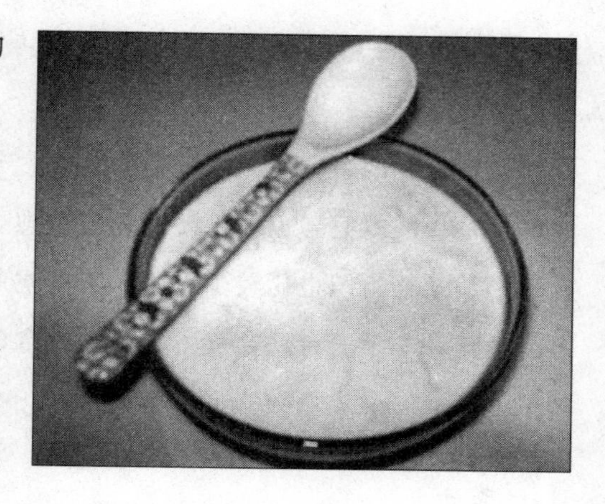

步骤 3：煮好后倒入研碎的香蕉。

步骤 4：调匀即可喂食。

步骤 5：最后用碗装上即可。

健康提示：

牛奶营养丰富、容易消化吸收、物美价廉、食用方便，是最“接近完美的食品”，人称“白色血液”，是最理想的天然食品。这道牛奶香蕉糊含有丰富的蛋白质、碳水化合物、钙、钾、磷、铁、锌、维生素 C 等多种营养素。婴儿常食此糊有益智作用，有利大脑发育和骨骼的生长。

鱼菜米糊

鱼肉中富含钙，不仅能够促进宝贝长个子，为骨骼发育添砖加瓦，还可促进脑发育，满足身体对多种营养素的需求。

准备食材：

米粉（或乳儿糕）、鱼肉和青菜各 15～25 克、食盐少许。

制作方法：

步骤 1：将米粉酌加清水浸软。

步骤 2：搅为糊，入锅，旺火烧沸约 8 分钟。

步骤 3：将青菜、鱼肉洗净后，分别剁泥共入锅中，继续煮至鱼肉熟透，调味后即成。

健康提示：

鱼肉富含的蛋白质，可以帮助幼儿、儿童及青少年生长发育。生病或身体有伤口的时候，也可以帮助复原及愈合。鱼肉的蛋白质，肌纤维构造比较短、结缔组织也比较少，所以鱼肉吃起来较其他畜肉细致嫩滑，也较容易消化，非常适合幼儿食用。鱼类所含的脂肪比畜肉少，所以热量较畜肉低。

小白菜水

准备食材：

小白菜 50 克、盐适量。

制作方法：

步骤 1：将选用的小白菜切碎。

步骤 2：待锅内水煮沸后，将切碎的小白菜放入锅内，继续煮 5～6 分钟。

步骤 3：离火后用消毒纱布过滤，加少许盐即成。

鲫鱼汤

鲫鱼含有全面而优质的蛋白质，对肌肤的弹力纤维构成能起到很好的强化作用。

准备食材：

鲜鲫鱼 2 条（约 700 克），猪肥膘 30 克，姜 20 克，香菜 5 克，盐、料酒、醋、白糖、葱、味精各适量。

制作方法：

步骤 1：将鲫鱼刮鳞去鳃，取出内脏，洗净，在鱼身两侧斜切成十字花刀，放入沸水锅内烫一下，捞出，控干水。

步骤 2：将猪肥膘肉洗净，切成小丁；姜洗净，切成片；香菜洗净，切成末；葱去皮洗净，切成丝。

步骤 3：往锅内放入鲫鱼、肥肉丁，添汤，加盐、料酒、醋、白糖、葱丝、姜片，盖上锅盖，将锅置于火上，烧开后撇去浮沫，改用小火炖 30 分钟，加味精、香菜末即成。

健康提示：

鱼汤的作用不仅在于补充蛋白质，还因含有较多的钙而作为婴幼儿主要的营养素。只要对鱼蛋白不过敏，可以经常给宝宝喝。但要注意，不要过浓，过咸，也不要天天吃，会让宝宝吃厌了。另外，喝鱼汤时，起锅时一定要滴几滴醋在汤里，这样有利于钙的析出，利于宝宝吸收。

油菜水

宝宝三个月后，母乳或奶粉已经不能满足宝宝的成长需求了，这个时候，可以开始给宝宝添加一些辅食。开始，可以给宝宝喝些蔬菜水，补充一些维生素，刺激肠蠕动，有助于通便。

准备食材：

新鲜的油菜叶 6 片，清水适量。

制作方法：

步骤 1：先把菜叶洗净，再在清水里泡上 20 分钟，以去除叶片上残留的农药。

步骤 2：在锅里加 50 毫升水，煮沸，把菜叶切碎，放到沸水里煮 1～3 分钟。

步骤 3：熄火，盖上盖凉一小会儿，温度合适后，用干净的纱布或不锈钢滤网过滤，即可。

健康提示：

油菜中含有丰富的维生素 C 和胡萝卜素、维生素 B_1、维生素 B_2，并且含有钾、钙和铁、膳食纤维等，可以调理宝宝的肠胃。

萝卜水

白萝卜含芥子油、淀粉酶和粗纤维，具有促进消化，增强食欲，加快胃肠蠕动和止咳化痰的作用。

准备食材：

500 克萝卜、1000 毫升水。

制作方法：

步骤 1：将萝卜洗净，切开去根，切成小块。

步骤 2：加水煮烂，再用纱布过滤去渣，然后加水成汤。

步骤 3：最后加糖煮沸即可。

健康提示：

白萝卜煮水给宝宝喝可以起到止咳润肺的作用，所以宝宝有咳嗽症状的时候，还有嗓子里面有痰的时候，可以给宝宝煮来喝的。不过这个喝多了可能会有些拉肚子哦。

苹果香蕉酸奶

准备食材：

2 汤匙烹调好的大麦、2 汤匙苹果泥、半根香蕉磨碎、2 汤匙原味酸奶。

制作方法：

混合上述材料，冷藏即可。或用食品加工机混匀，主要是让食物光滑细腻，冰箱储存。

菠菜汁

菠菜含有丰富的纤维素，能刺激肠胃、胰腺的分泌，既助消化，又润肠道，有利于大便顺利排出体外。

准备食材：

菠菜两颗、适量水。

制作方法：

步骤1：将菠菜洗净，放入盐水里泡半小时。

步骤2：锅里放半锅水烧开。

步骤3：菠菜放入，烫一下，捞出。

步骤4：锅内重新放少量水，菠菜放入，水量没过菠菜即可，水开后煮1分钟。

步骤5：菠菜捞出，去梗留叶，切小段后放小碗中备用。

步骤6：煮菠菜的水倒入瓶中，晾凉后可以给小宝宝喝。

健康提示：

宝宝适当喝些菠菜汁可以防止便秘的发生。

蔬菜泥

蔬菜泥是以新鲜蔬菜为原料，清洗干净，压榨为泥状，迅速冷冻而成的。在食用时，可以将蔬菜泥加入其他辅食或直接食用皆可，是接近蔬菜营养的泥状食物。

准备食材：

绿色蔬菜、胡萝卜、马铃薯、豌豆各少许。

制作方法：

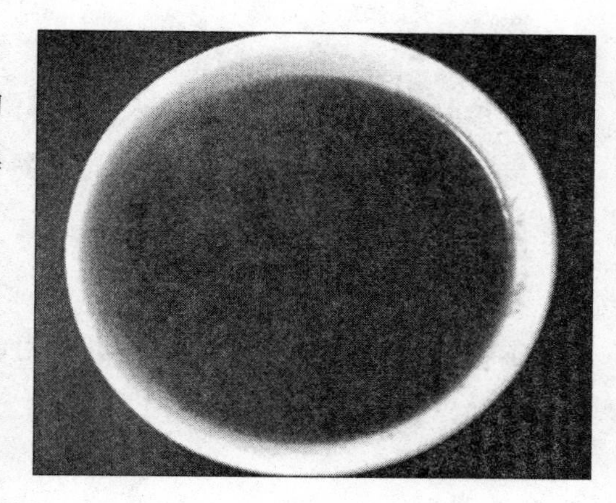

步骤1：绿色蔬菜洗净切碎，加盐及少许水，加盖煮熟待凉，或加在蛋液内、粥里煮熟。

步骤2：胡萝卜、马铃薯、豌豆等洗净后，用少量的水煮熟，用汤匙刮取或压碎成泥，也可切碎，混在粥里喂食。

（注意：制作时，必须将菜煮烂。）

健康提示：

此菜营养丰富，有助于身体的生长、造血、通便，并保护皮肤黏膜。

鸡肝胡萝卜粥

鸡肝含有丰富的蛋白质、钙、磷、铁、锌、维生素A、B族维生素。

肝中铁质丰富，是补血食品中最常用的食物。动物肝中维生素A的含量远远超过奶、蛋、肉、鱼等食品，具有维持正常生长和生殖机能的作用，能保护眼睛，维持正常视力，防止眼睛干涩、疲劳，维持健康的肤色，对皮肤的健美具有重要意义。

准备食材：

鸡肝2个、胡萝卜10克、大米50克、高汤4杯、盐少许。

制作方法：

步骤1：大米加入高汤，小火慢熬成粥状。

步骤2：鸡肝及胡萝卜洗净后，蒸熟捣成泥，加入粥内，加盐少许，煮熟即可。

健康提示：

本款菜谱适合4个月以上的婴儿食用，是补钙、补锌、补维生素A的最佳食谱。

西瓜豆腐脑

豆腐含有钙、铁、磷、镁和人体必需的8种氨基酸，其比例也接近人体需要，并含有碳水化合物和优质蛋白，消化吸收率达到95%以上，而且口感绵软，大多数宝宝都非常喜欢吃。

准备食材：

西瓜1块、豆腐1/8块。

制作方法：

步骤1：西瓜去籽去皮后榨成汁。

步骤2：锅内加水烧开，放入豆腐后稍煮，捞出捣碎。

步骤3：将西瓜汁倒入豆腐中，拌匀即可。

健康提示：

西瓜中含有丰富的矿物质和维生素，可以补充豆腐中没有的营养素。

毛豆泥

毛豆仁里富含的蔬菜的维生素等于宝宝吃了一顿蔬菜大餐，又易吸收，易消化。所以，毛豆泥是非常适合 6 个月宝宝的营养食谱。

准备食材：

毛豆仁半碗（约 100 克）、水适量。

制作方法：

步骤 1：毛豆洗净后加水煮至软熟（或者蒸熟）。

步骤 2：准备好搅拌机，清水。

步骤 3：把半碗毛豆仁放进搅拌机，加上适量清水，搅拌。

步骤 4：搅拌至成泥状就可装碗。

健康提示：

毛豆中的卵磷脂是大脑发育不可缺少的营养之一，有助于改善大脑的记忆力和智力水平。

鲜虾肉泥

虾泥软烂、鲜香，含有丰富的蛋白质、脂肪，其中含有多种人体必需氨基酸及不饱和脂肪酸，是婴儿极佳的健康食品。此外，还含有钙、磷、铁及维生素 A、B、B2 和尼克酸等营养素。

准备食材：

鲜虾肉（河虾、海虾均可）50 克，香油 1 克，精盐适量。

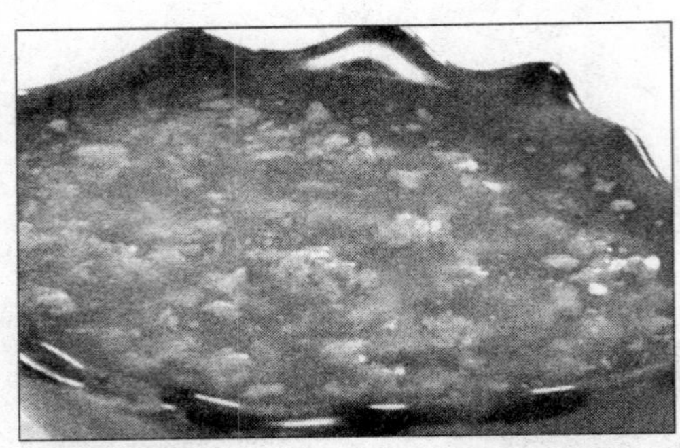

制作方法：

步骤 1：将鲜虾肉洗净，放入碗内，加水少许，上笼蒸熟。

步骤 2：加入适量精盐、香油，搅匀即成。

健康提示：

虾肉含有丰富的蛋白质，营养价值很高，其肉质和鱼一样松软，易消化，同时含有丰富的矿物质（如钙、磷、铁等），对宝宝有补益功效。

牛奶面包粥

面包有一个重要的营养素是维生素及矿盐类，其在小麦各部分的含量都不同。小麦的内胚乳中含蛋白质最低，但越靠近麦皮，其蛋白质含量就越高，故高筋面粉中所含的蛋白质比例较高。在小麦含蛋白质部分另含多量的铁质，维生素及菸碱酸。胚芽中所含的蛋白质、铁及维生素都很多，子叶中所含维生素 B 的量也超过麸皮中所含的。

准备食材：

牛奶 3 大匙（可根据宝宝食量），吐司面包 1 片。

制作方法：

步骤 1：牛奶放入锅中，吐司面包去边，撕成碎片放入牛奶中。

步骤 2：牛奶开后即可熄火，用勺子将面包搅碎。

（如果用奶粉冲泡的牛奶可不用煮，直接加入撕碎的面包，搅烂即可。）

牛奶蛋黄粥

准备食材：

大米 10 克，牛奶 50 克，蛋黄 1/4 个，蜂蜜少许。

制作方法：

步骤 1：将大米淘洗干净，加入适量水，上火煮开，开锅后改文火煮 30 分钟；蛋黄用小勺背面研碎备用。

步骤 2：出锅前把牛奶和蛋黄加入粥内，再煮片刻出锅，加入少许蜂蜜即可。

鳙鱼芹菜粥

鳙鱼、芹菜、胡萝卜都是非常有营养的食物，鳙鱼富含丰富的蛋白质，芹菜、胡萝卜富含人体所需的各种维生素。

准备食材：

鳙鱼肉 100 克，芹菜 50 克，胡萝卜 25 克，核桃仁 25 克，大米 100 克，葱花、盐少许。

制作方法：

步骤 1：先从鳙鱼肉中剔去所有刺，鳙鱼去除鱼皮，切成鱼肉丝。

步骤 2：用水焯后弃水，锅热后，放少许植物油，放入鱼肉丝，炒熟，放葱花、盐，搅匀出锅。

步骤 3：芹菜洗净，刮去外皮，切成丁。胡萝卜洗净，刮去外皮，切成丁。

步骤 4：大米淘洗干净，入锅，放适量水，再放入核桃仁、胡萝卜、芹菜，快煮熟时，放入鱼肉，搅匀，继续煮熟为止，放入少许盐搅匀即可。

健康提示：

鳙鱼芹菜粥有益于生长发育，补充大脑能量，完善神经系统的发育。

骨枣汤

动物骨中含有丰富的钙、髓质，还含有其他营养成分，有益髓生骨的作用；红枣补中益血。

准备食材：

动物骨（长骨或脊骨，猪、牛、羊骨均可）250 克，红枣15～25枚，生姜数片。

制作方法：

将骨头洗净捣碎，与红枣、生姜同置瓦煲内，加水适量，用旺火烧沸，后用文火烧 2 小时以上，直至汤稠即可关火。

健康提示：

骨枣汤益髓养血，助骨生长效果明显。

西红柿鱼糊

此菜含有丰富的蛋白质、钙、磷、铁和维生素C、维生素B_1、维生素B_2及胡萝卜素等多种营养素。

准备食材：

净鱼肉100克，西红柿70克，精盐2克，鸡汤200克。

制作方法：

步骤1：将净鱼肉放入开水锅内煮后，除去骨刺和皮；西红柿用开水烫一下，剥去皮，切成碎末。

步骤2：将鸡汤倒入锅内，加入鱼肉同煮，稍煮后，加入西红柿末、精盐，用小火煮成糊状即成。

步骤3：注意制作时一定要用新鲜鱼肉，同时必须将鱼刺剔净。

健康提示：

适宜5个月以上婴儿食用，有助生长发育。

鱼泥

准备食材：

净鱼肉50克，白糖、精盐各少许。

制作方法：

步骤1：将收拾干净的鱼放入开水中，煮后剥去鱼皮，除去鱼骨刺后把鱼肉研碎，然后用干净的布包起来，挤去水分。

步骤 2：将鱼肉放入锅内，加入白糖、精盐搅匀，再加入 100 克开水，直至将鱼肉煮软即成。

（注意：用新鲜的鱼做原料，一定要将鱼刺除净，鱼肉要煮烂。）

健康提示：

此款鱼泥富含蛋白质、不饱和脂肪酸及维生素盐，婴儿常食，能促进发育，强健身体。适宜 5 个月以上的婴儿食用。

第三节　4～6个月的宝宝辅食推荐食谱

草莓汁

草莓中含有天冬氨酸，可以自然平和地清除体内的重金属离子。草莓色泽鲜艳，果实柔软多汁，香味浓郁，甜酸适口，营养丰富。

准备食材：

草莓适量、水适量。

制作方法：

步骤1：草莓洗干净，去叶子。

步骤2：用压泥器压碎。

步骤3：放入锅中加少许水小火熬煮。

步骤4：熬开后晾凉再给宝宝吃，1岁内的宝宝吃最好不要加糖或者蜂蜜，如果草莓很酸可以少加糖中和一下。

健康提示：

草莓富含氨基酸、果糖、蔗糖、葡萄糖、柠檬酸、苹果酸、果胶、胡萝卜素、维生素 B_1、B_2、烟酸及矿物质钙、镁、磷、铁等，这些营养素对生长发育有很好的促进作用，对儿童大有裨益。

蔬菜牛奶糊

西兰花中的维生素种类非常齐全，榨成菜汁糊状适合宝宝食用，而蔬菜中含有丰富的维生素和纤维素，有助于人体的肠道健康。牛奶中含有丰富的钙、维生素D等，包括人体生长发育所需的全部氨基酸，消化率可高达98%，是其他食物无法比拟的。

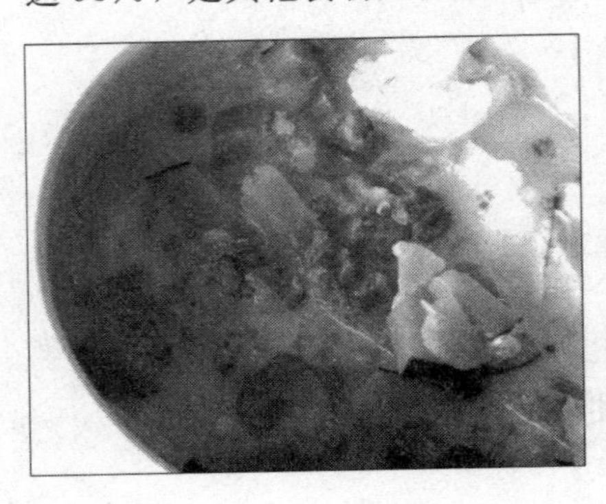

准备食材：

西兰花、白菜各50克，牛奶200毫升。

制作方法：

步骤1：西兰花和白菜洗净，切成小块。

步骤2：放入搅拌机中榨出果汁。

步骤3：将菜汁与牛奶混合放入锅中。

步骤4：煮沸即可。

空心菜汁

空心菜中含有丰富的维生素C和胡萝卜素，其维生素含量高于大白菜，这些物质有助于增强体质，防病抗病。此外，空心菜中的叶绿素，可洁齿防龋，润泽皮肤。

准备食材：

空心菜50克（可食部分，约半碗饭量）、水1杯。

制作方法：

步骤1：将空心菜洗干净。

步骤2：放到锅中。

步骤3：加1杯水蒸煮。

步骤4：煮熟后取其汤汁，即可给宝宝喂食。

花生紫米糊

紫米中含有丰富蛋白质、脂肪、赖氨酸、核黄素、硫安素、叶酸等多种维生素，以及铁、锌、钙、磷等人体所需微量元素。

准备食材：

糯米50克、紫米20克、花生30克、水800毫升。

制作方法：

步骤1：准备材料，全部洗干净。

步骤2：倒入豆浆机中，等到音乐响起就可以了。

健康提示：

紫米中含有人体所需的微量元素，宝宝多吃可以补充全面营养，提高宝宝抵抗力。

地瓜叶汁

准备食材：

地瓜叶50克（可食部分，约半碗饭量）、水1杯。

制作方法：

步骤 1：将地瓜叶洗干净。

步骤 2：将地瓜叶放到锅中。

步骤 3：加 1 杯水蒸煮。

步骤 4：煮熟后用汤匙压汁，即可喂食。

苹果燕麦糊

燕麦能益脾养心，不但有较高的营养价值，还具有很高的美容价值。

准备食材：

苹果半个、牛奶 220 毫升、燕麦 60 克。

制作方法：

步骤 1：苹果洗净后切块，苹果皮可以不去，苹果皮的营养含量还挺高的。

步骤 2：所有材料一起放入搅拌机里打成糊。

步骤 3：再放进微波炉里加热一下就可以了，中火 1～2 分钟就好。

健康提示：

苹果和麦片都是富含水溶性纤维的食物，能提供增强宝宝肠道蠕动的良好益生菌。

香瓜汁

香瓜对健康有很多好处，具有很高的营养价值。它含有维生素A、B、C和镁，钠和钾等矿物质。

准备食材：

香瓜50克，蜂蜜适量。

制作方法：

步骤1：香瓜去皮，去籽，切成块状。

步骤2：启动搅拌机搅拌五分钟。

健康提示：

香瓜含有蛋白质、脂肪、碳水化合物、无机盐等，可补充宝宝所需要的能量及营养素。

甘蔗红枣桂圆甜汤

准备食材：

甘蔗、红枣、桂圆肉、冰糖。

制作方法：

步骤1：将桂圆肉、红枣用清水泡一泡，待变软后将红枣去核切小块。

桂圆肉冲洗掉杂质，撕成小块。

步骤2：甘蔗切小段。

步骤3：将甘蔗段、红枣肉、桂圆放入干净的锅里。

步骤4：加水没过所有食材，煮开后转小火继续煮20分钟左右，加入适量冰糖调味即可。

健康提示：

此汤是抵御春寒、预防感冒、清热解毒的良汤。

葡萄柚子汁

柚子和葡萄的结合，不仅清香酸甜，还能帮助促进人体对钙和铁的吸收。

准备食材：

柚子200克、葡萄150克、水适量。

制作方法：

步骤1：葡萄洗净，可去皮。

步骤2：柚子剥皮，掰开，取出果粒。

步骤3：将葡萄放入搅拌机中。

步骤4：将柚子也放入搅拌机中，混合葡萄榨成汁。

步骤5：如果不喜欢带渣，可将榨好的果汁用网过滤一下再喝。

黄瓜汁

黄瓜味甘，性平，又称青瓜、胡瓜、刺瓜等，原产于印度，具有明显的清热解毒、生津止渴功效。现代医学认为，黄瓜富含蛋白质、糖类、维生素 B_2、维生素 C、维生素 E、胡萝卜素、尼克酸、钙、磷、铁等营养成分，同时黄瓜还含有丙醇二酸、葫芦素、柔软的细纤维等成分，是难得的排毒养颜食品。

准备食材：

黄瓜半根。

制作方法：

步骤 1：黄瓜洗净后削掉外皮。

步骤 2：把孔状的研磨板、过滤网和研磨碗按从上至下的顺序摆好，把黄瓜竖在研磨板上反复摩擦。

步骤 3：待黄瓜磨完后，用勺子按压过滤网中的黄瓜泥，让黄瓜汁充分流入下面的小碗中。

步骤 4：将黄瓜原汁用 2～3 倍的温水稀释，倒在奶瓶里按量喂给宝宝喝就可以了。

健康提示：

黄瓜汁是一种不含糖分的蔬菜汁，非常适合初尝人间烟火的宝宝食用。因为宝宝的味觉非常敏感，过早进食很甜的食物会破坏宝宝的味蕾，并且加重肝、肾的负担，无糖的黄瓜汁是这个阶段的首选。

番茄汁

番茄是富含维生素的蔬果之一，蜂蜜则是含有大量的维生素 E，两者都有美容养颜的功效。

准备食材：

西红柿 1 个、水适量。

制作方法：

步骤 1：番茄洗净后用刀在顶端切十字，用滚水烫一下。

步骤 2：将番茄汁倒入锅中，加入清水，水与番茄汁的比例为 1：1，用中火滚煮 2 分钟。

步骤 3：将煮好的番茄汁装入奶瓶，放温凉后就可以给宝宝喂食了。

健康提示：

番茄含有丰富的胡萝卜素、维生素 C 和 B 族维生素，可以预防宝宝发生贫血。番茄煮熟后虽然维生素 C 会有损失，但番茄红素的浓度却得到极大的提高，能补充抗氧化剂。

大米汤

米汤又叫米油，是用上等大米熬稀饭时凝聚在锅面上的一层粥油，米汤性味甘平，能滋阴长力，有很好的补养作用。

准备食材：

大米100克。

制作方法：

步骤1：大米淘好后，加水，大火煮沸，调小火慢慢熬成粥。

步骤2：粥好后，放3分钟，用勺子舀取上面不含饭粒的米汤，放温即可喂食。

健康提示：

米汤性味甘平，有益气、养阴、润燥的功能，饮用它对宝宝的健康和发育有益，有助于消化和对脂肪的吸收。

玉米汁

玉米汁富含人体必须的而自身又不易合成的30余种营养物质，如铁、钙、硒、锌、钾、镁、锰、磷、谷胱甘肽、葡萄糖、氨基酸等。

准备食材：

甜玉米粒一斤。

制作方法：

步骤1：洗干净后加水煮开，就像煮玉米糖水一样，这一步很重要，因为直接用生玉米来榨汁会有一股青涩的味儿，就算过后煮开了味道还是

不能去掉，这也是用生榨法做玉米汁的不足之处。

步骤 2：玉米粒一定要煮透，不要因为玉米可以生吃、快熟而把时间缩短。煮的时间不够，榨出来的玉米汁会渣水分离的，喝起来就没有那种浓稠的口感了。

步骤 3：煮好的玉米放凉后就可以榨取了，加水要掌握分寸，不要太多也不要太少。

步骤 4：榨好后就可以直接饮用了。

健康提示：

玉米汁是一种很不错的饮料，是一种很好的营养食品。玉米的主要营养成分包括维生素 B、钾、磷和铁，其中钾可以增强心脏能力。

生菜苹果汁

准备食材：

生菜 50 克、苹果 1 个、柠檬半个。

制作方法：

步骤 1：生菜洗净，切成块；苹果洗净，去皮，切成细条；柠檬洗净，去皮，切块。

步骤 2：将生菜块、苹果条、柠檬块加入白糖、半杯纯净水一起放入榨汁机中打匀，过滤出汁液来即可给宝宝食用。

健康提示：

生菜汁味道清新且略带苦味，可刺激消化酶分泌，增进食欲，促进消化，还有助于宝宝睡眠；苹果曾被列为健康水果之最，苹果汁中含有

的大量槲皮苷、黄酮类、多酚类抗氧化剂，可以预防宝宝生病。另外，消化功能稍弱的宝宝，还可以用莴苣代替生菜，吃一些莴苣苹果汁。

鲜果时蔬汁

准备食材：

黄瓜、胡萝卜各 1 根，芒果 1 个，白糖少许。

制作方法：

步骤 1：将黄瓜、胡萝卜分别洗净，切段，芒果洗净，去皮取果肉。

步骤 2：榨汁机内放入少量矿泉水，黄瓜、胡萝卜以及芒果果肉，榨汁加白糖拌匀即可。

健康提示：

黄瓜的维生素和纤维素含量都很高；芒果和胡萝卜中除了含有丰富的膳食纤维外，还有大量的胡萝卜素，这有助于宝宝新陈代谢和改善视力，而极为丰富的维生素可以提高宝宝机体免疫力。

葡萄汁

葡萄含有0.5%的植物纤维以及氯化钾、铁和磷等，制成的葡萄汁还含有大量易于消化和吸收的糖分，碳水化合物含量高达16%，其中大部分是葡萄糖。

准备食材：

新鲜葡萄100克、白糖适量。

制作方法：

把葡萄洗净去梗，拿清洁纱布包紧后挤汁，加入白糖调匀即可。

健康提示：

葡萄具有舒筋活血、开胃健脾、助消化的功效，其含铁量丰富，能补血。

猕猴桃汁

猕猴桃的维生素c量及食用纤维素含量达到了优秀标准，同时，猕猴桃中的维生素 e 及维生素 k 含量被定为优良，猕猴桃脂肪含量低且无胆固醇。与其他水果不同的是猕猴桃含有宽广的营养成分。

准备食材：

猕猴桃半个、水 1 勺。

制作方法：

将熟透的猕猴桃剥皮切半；切碎，放入小碗，用勺碾碎；倒入过滤漏勺中，挤出汁，加水拌匀。

绿豆汤

每 100 克绿豆含蛋白质 22.1 克，脂肪 0.8 克，碳水化合物 59 克，粗纤维 4.2 克，钙 49 毫克，磷 268 毫克，铁 3.2 毫克，胡萝卜素 1.8 毫克。维生素 B_1 0.52 毫克，维生素 B_2 0.12 毫克，烟酸 1.8 毫克。所含蛋白质主要为球蛋白类，其组成中蛋氨酸、色氨酸、酪氨酸比较少，绿豆的磷脂成分中，有磷脂酰胆碱、磷脂酰乙醇胺、磷脂酞肌醇、磷脂酸甘油、磷脂酚丝氨酸、磷脂酸等。

准备食材：

绿豆 150 克、白糖适量。

制作方法：

步骤1：绿豆清洗干净，用清水浸泡2小时。

步骤2：锅里倒入泡好的绿豆，倒入清水，绿豆与清水的比例为1∶10。

步骤3：大火煮开后，改小火，煮至绿豆开花后关火。

步骤4：把煮好的绿豆汤盛到干净小碗里，调入适量的白糖，放凉后即可食用。

雪梨汁

梨属药食同源果品，雪梨又是梨中珍品、梨中之王，富含苹果酸、柠檬酸、维生素B_1、B_2、C、胡萝卜素等，具生津润燥、清热化痰之功效，能治风热、润肺、凉心、消痰、降火、解毒。

准备食材：

雪梨1个，柠檬半个。

制作方法：

步骤1：雪梨洗净，去皮去核切成小块，柠檬去皮切成小块。

步骤2：放入榨汁机，加适量白开水，榨成果汁。

步骤3：滤净杂质即可。

健康提示：

雪梨有清火、止咳、润肺、化痰之功效，如果天气较凉时可加热给孩子饮用，人工喂养的孩子容易上火，常喝雪梨汁有助于孩子的消化和排便，但是腹泄的孩子不要给他们喝雪梨汁，会加重病情。

莲藕汤

莲藕自古以来就是为人们所钟爱的食品，鲜莲藕中含有高达20%的碳水化合物、蛋白质，各种维生素、矿物质的含量也很丰富，既可当水果吃，也是烹饪的佳肴，若用糖腌成蜜饯，或制成藕粉，更是别有风味。

准备食材：

棒骨350克、莲藕500克、盐适量、芹菜适量。

制作方法：

步骤1：将莲藕去皮洗净，芹菜洗净切成粒。

步骤2：烧开水倒入棒骨焯掉血水。

步骤3：捞出用清水冲洗，沥干水分。

步骤4：置锅于火上，把莲藕棒骨放进锅里，倒入适量的水，加入盐调味。

步骤5：大火烧到气阀喷气，转小火20分钟，等完全消气后，打开盖子，将莲藕切片装汤撒入芹菜粒即可食用。

健康提示：

棒骨中的骨髓含有很多骨胶原，可以增强体质；藕的营养价值很高，富含铁、钙等微量元素，植物蛋白质、维生素以及淀粉含量也很丰富，有明显的补益气血，增强宝宝的免疫力的作用。

米糊豆浆

准备食材：

黄豆 25 克、大豆 20 克、绿豆少许、花生少许。

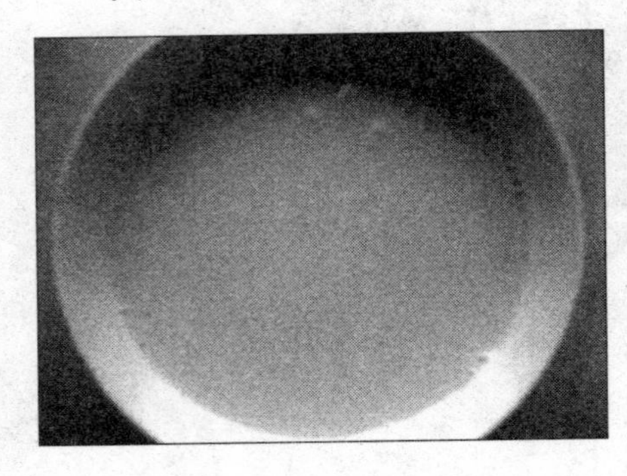

制作方法：

步骤 1：配好的原料放入豆浆机中。

步骤 2：加水淘洗二三遍。

步骤 3：加水到上下水位之间。

步骤 4：点击五色米糊键，豆浆机开始工作。

步骤 5：豆浆机停止工作，米糊豆浆即完成。

蛋黄泥

鸡蛋含有丰富的蛋白质、脂肪、维生素和铁、钙、钾等人体所需要的矿物质，其蛋白质是自然界最优良的蛋白质，对肝脏组织损伤有修复作用；同时富含 DHA 和卵磷脂、卵黄素，对神经系统和身体发育有利，能健脑益智，改善记忆力，并促进肝细胞再生；鸡蛋中含有较多的维生素 B 和其他微量元素，可以分解和氧化人体内的致癌物质，具有防癌作用；鸡蛋味甘，性平；具有养心安神，补血，滋阴润燥之功效。

准备食材：

鸡蛋1个、水适量。

制作方法：

步骤1：鸡蛋一个，放入沸水中煮10分钟，记住一定要煮过心。

步骤2：捞起在凉水中冲一下。

步骤3：立即剥壳，取出蛋黄。

步骤4：放入消毒过的宝宝专用碗中，用汤匙压碎成泥。

步骤5：为了宝宝更好吞咽，可加少许温开水，搅拌成均匀的稀泥状再喂食。

健康提示：

这道菜软烂适口，微咸，营养丰富，喂给婴儿既可营养大脑，又可满足婴儿对铁质的需要。

鱼肉泥

准备食材：

鲈鱼肉60克、番茄50克、芝麻油3克、盐1克。

制作方法：

步骤1：鲈鱼肉洗净，蒸熟，去除鱼刺和鱼皮，碾压成鱼泥。

步骤2：西红柿洗净、去皮，切细末。

步骤3：汤锅中加入适量高汤，倒入鲈鱼肉泥及蒸鱼汤汁，煮开后加入番茄末、精盐，煮开至番茄成酱状。

步骤4：调入芝麻油，出锅即可。

健康提示：

鲈鱼肉质细嫩，鱼刺较少，富含优质蛋白质、不饱和脂肪、钙、磷、镁、铁、硒等营养成分，番茄中的维生素C对于促进钙的吸收很有帮助。番茄红素为强抗氧化剂，能够增强宝宝的机体抵抗力。

红枣蛋黄泥

红枣性温味甘，含有蛋白质、脂肪、糖、钙、磷、铁、镁及丰富的维生素A、维生素C、维生素B_1、维生素B_2，此外还含有胡萝卜素等，营养十分丰富。

准备食材：

红枣100克、鸡蛋1个。

制作方法：

步骤1：红枣洗净，放入沸水中煮20分钟至熟，去皮、去核后，剔出红枣肉。

步骤2：鸡蛋煮熟取蛋黄，用勺背压成泥状。加入红枣肉搅拌后即可。

健康提示：

蛋黄中含有丰富的铁、维生素A等，可以满足宝宝对铁的需要，也可以保护宝宝的视力；红枣含有丰富的钙、磷、铁、蛋白质等，可以预防癞皮病和坏血病等。

小米粥

小米粥是健康食品，可单独熬煮，亦可添加大枣、红豆、红薯、莲子、百合等，熬成风味各异的营养粥。小米磨成粉，可制糕点，美味可口。

准备食材：

小米4/5杯、大米1/5杯、水5杯。

制作方法：

步骤1：将米洗净，加水，用小火煮1小时至米粒烂为止。

步骤2：如果用高压锅，大概需要20分钟。

健康提示：

小米含有多种维生素、氨基酸、脂肪和碳水化合物，营养价值较高，孩子经常喝小米粥对孩子的成长发育比较好。

香蕉奶糊

香蕉营养高、热量低，容易消化。

准备食材：

香蕉1/4个、黄油若干、肉汤3大匙、牛奶1大匙、面粉1小匙。

制作方法：

步骤 1：将香蕉去皮之后捣碎。

步骤 2：用黄油在锅里炒制面粉，炒好之后倒入肉汤煮并用木勺轻轻搅。

步骤 3：煮至粘稠时放入捣碎的香蕉。

步骤 4：最后加适量牛奶略煮。

健康提示：

香蕉的热量较其他水果高，糖分含量也高。香蕉易于消化吸收，对于有消化障碍或腹泻的婴儿更适宜。

牛奶粥

牛奶可补虚损，健脾胃，润五脏。适用于虚弱劳损、气血不足、病后虚羸、年老体弱、营养不良等症。由乳品加工厂生产的牛奶粥有多种配方，形成甜、咸等不同风味。其杀菌时间短，营养损失少。

准备食材：

大米 100 克、牛奶 500 克、水 300 克。

制作方法：

步骤 1：大米拣去杂物，淘洗干净。

步骤 2：锅置火上，放入米和水，旺火烧开，改用小火熬煮 30 分钟左右，至米粒涨开时，倒入牛奶搅匀，继续用小火熬煮 10～20 分钟，至米粒粘稠，溢出奶香味时即成。

步骤 3：食用时既可以直接食用，也可以加糖或盐，成为不同口味的奶粥。色泽乳白，黏稠软糯，奶香浓郁。

健康提示：

此粥含钙丰富，是宝宝补充钙质的良好来源。

饼干粥

准备食材：

大米 15 克、婴儿专用饼干 2 片。

制作方法：

步骤 1：大米淘洗干净，放入清水中浸泡 1 小时。

步骤 2：锅置火上，放入大米和适量清水，大火煮沸，转小火熬成稀粥。

步骤 3：把饼干捣碎，放入粥中稍煮片刻即可。

蛋黄粥

准备食材：

大米50克，蛋黄1个，清水500克。

制作方法：

步骤1：将大米淘洗干净，放入锅内，加入清水，用旺火煮开，转微火熬至粘稠。

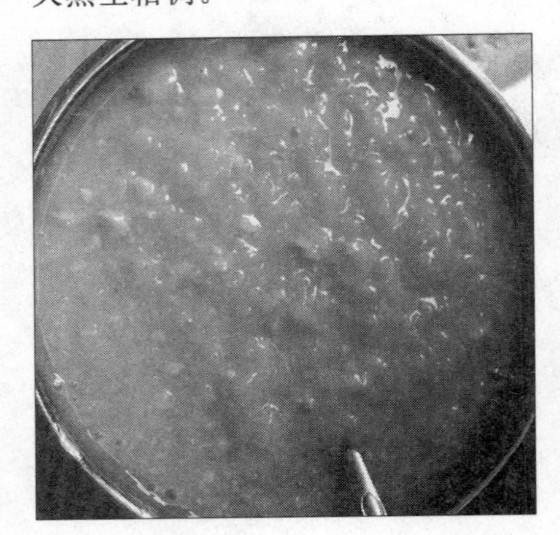

步骤2：将蛋黄放入碗内，研碎后加入粥锅内，同煮几分钟即成。

健康提示：

此粥黏稠，有浓醇的米香味，富含婴儿发育所必需的铁质，适宜6个月婴儿食用。制作中，米要煮烂，熬至粘稠，蛋黄研碎后再放入粥内同煮。

芹菜米粉汤

准备食材：

芹菜（含芹菜叶）100克、米粉50克。

制作方法：

步骤1：芹菜洗净，切碎，米粉泡软备用。

步骤2：锅内加水煮沸，放

入芹菜碎和米粉，煮3分钟即可。

健康提示：

米粉含有丰富的糖类、维生素、矿物质等，易于消化，适合给宝宝当主食。芹菜内含丰富的维生素、膳食纤维，是宝宝摄取膳食纤维的好来源。

蔬菜牛奶羹

芥菜性味辛、温，入肺、胃、肾，有宣肺化痰、温中利气的作用，还有解毒宽肠的功效。西兰花含丰富的矿物质和多种维生素，补脾胃，健脑壮骨，还能补充维生素K，预防自发性出血。

准备食材：

西兰花、芥菜各适量，配方奶，米粉。

制作方法：

步骤1：西兰花和芥菜洗净，切成小块，放入榨汁机中榨出菜汁。

步骤2：将菜汁与牛奶混合放入奶锅中，煮沸即可。适合4个月以上的宝宝食用。

健康提示：

蔬菜中含有钙、铁、铜等矿物质，其中钙是宝宝骨骼和牙齿发育的主要物质，还可防治佝偻病；铁和铜能促进血色素的合成，刺激红细胞发育，防止宝宝食欲不振、贫血，促进生长发育；矿物质可使蔬菜成为碱性食物，与五谷和肉类等酸性食物中和，具有调整体液酸碱平衡的作用。

青菜糊

准备食材：

婴儿米粉100克、青菜30克、高汤适量。

制作方法：

步骤1：将青菜洗净，放入沸水锅内焯烫熟，捞出沥干，再切碎备用。

步骤2：米粉加水调匀，加高汤，熬煮至熟。

步骤3：将备好的青菜末加入煮好的米粉中，拌匀即可。

健康提示：

米粉是非常适合宝宝的主食，再加上青菜和高汤，更补充了宝宝成长需要的膳食纤维、矿物质和维生素等。青菜可选用小白菜、油菜、苋菜、卷心菜等。

牛奶藕粉

准备食材：

配方奶粉60毫升、藕粉30克。

制作方法：

步骤 1：将牛奶加热至沸腾，关火。

步骤 2：加入藕粉搅拌均匀，再以小火加热至呈透明糊状即可。适合四个月以上的宝宝食用。

水果藕粉

准备食材：

藕粉 50 克，苹果（桃、杨梅、香蕉均可）75 克，清水 250 克。

制作方法：

步骤 1：将藕粉加适量水调匀；苹果去皮，切成极细的末。

步骤 2：将小锅置火上，加水烧开，倒入调匀的藕粉，用微火慢慢熬煮，边熬边搅动，熬至透明为止，最后加入切碎的苹果，稍煮即成。

健康提示：

此羹味香甜，易于消化吸收，含有丰富的碳水化合物、钙、磷、铁和多种维生素，营养价值极高，是婴儿良好的健身食品。制作中，要把水果洗净切碎，最好用小勺刮成泥，以利婴儿消化吸收。

第二章

宝宝最爱吃，妈妈要牢记

（7~9个月宝宝食谱）

第一节　7～9 个月的宝宝吃什么最健康

7～9 个月的宝宝胃蛋白酶开始发挥作用了，因此这一阶段的宝宝可以开始接受肉类食物，但这并不表明宝宝的消化功能已经接近成人了。所以，在食物的添加上，仍然要坚持辅食添加循序渐进的总体原则。要注意蛋白质、碳水化合物、DHA 等营养的补充。辅食对成长中的孩子是很重要的，是宝宝成长的必须营养保证。7～9 个月的宝宝每公斤体重每天需要 1.5～3 克蛋白质的补充。8 个月的宝宝一天可以添加三次辅食。但要注意辅食的多样化，宝宝每天的饮食应包括四大类，即蛋豆鱼肉类、五谷根茎类、蔬菜类及水果类。每日喂食四大类食物以达到营养平衡的目的。尽量使宝宝从一日三餐的辅食中摄取所需营养的 2/3，其余 1/3 从奶中补充。如果发觉宝宝没有吃饱，可用饼干、水果、乳制品等当做点心来喂。

1. 加喂辅食时间：可安排在上午 10 时，下午 14 时和 18 时。

2. 辅食形态：此阶段为宝宝添加的辅食以柔嫩、半流质食物为好，如碎菜、鸡蛋、粥、面条、鱼、肉末等。为宝宝制作的米粥应以米加 6 倍的水熬制而成。有少数宝宝在此时不喜欢吃粥，而对成人吃的米饭较感兴趣，也可以让宝宝尝试吃一些，如果未发生消化不良等异常现象，以后也可以喂一些软烂的米饭。

3. 动物性蛋白质的补充：蛋白质是构成人体的重要物质，是生长发育的物质基础。蛋白质含量较多的食物包括：鲜奶、畜肉、禽肉、蛋类、鱼虾蟹类。

4. 植物性蛋白质的补充：大豆制品中植物性蛋白质的含量较高。在食用豆腐之前，别忘了先在水里煮一下。其中以黄豆营养价值最高，它所含蛋白质的质与量比核桃、杏仁、松子等干果的含量要高。

5. 蔬菜多样化：为宝宝添加的蔬菜除了加工精细外，还应注意品种的多样化，如胡萝卜、西红柿、洋葱等。对经常便秘的宝宝可选菠菜、卷心菜、萝卜、葱头等含纤维多的食物。

6. 水果的食用必不可少：宝宝满8个月后，可以把苹果、梨、水蜜桃等水果切成薄片，让宝宝拿着吃。香蕉、葡萄、橘子可整个让宝宝拿着吃。

7. 泥状食品的添加：在8个月时可添加肉泥、肝泥、虾泥等泥状食品，应遵循从一种到多种、从少量到多量的循序渐进的原则。一般自做的肉泥不易消化吸收，而市场上的瓶装肉泥、肝泥经过特殊加工，易消化吸收。因此，开始加肉泥时可以购买一些瓶装肉泥、肝泥，等宝宝适应后可自己为他制作。

第二节　7～9 个月的宝宝补锌、补铁食谱

双色蛋黄泥

蛋黄中含有丰富的蛋白质、脂肪，它还能提供维生素 A、维生素 B_1、维生素 B_2、维生素 B_6、维生素 B_{12}、维生素 D、维生素 E、维生素 H 及叶酸、钙、铁、磷、镁、锌、铜、碘等，并且含有优质的亚油酸，蛋黄是人体脑细胞增长不可缺少的营养物质。

准备食材：

大米 100 克、柴鸡蛋 1 个、清水 1500 毫升、新鲜青菜 100 克。

制作方法：

步骤 1：新鲜青菜清洗干净，控水，去菜帮留菜叶。

步骤 2：开水焯透，捞出控水，自然晾凉。

步骤 3：用搅拌机搅成糊状，用煮过的纱布将菜汁挤出。

步骤 4：鸡蛋洗净放入凉水锅，中火烧开转小火煮 7 分钟即可，用流

动的凉水冲一下，使其容易剥皮。

步骤5：大米洗净浸泡一小时，大米用1500毫升清水倒入高压锅。大火烧开，小火熬制，用时15分钟。电压力锅调到粥档即可。

步骤6：取出的蛋黄里外呈金黄色，用小勺按一下呈粉状即可。蛋黄用小勺碾碎倒入适量米汤调成糊状即可。

步骤7：蛋黄放在消毒过的碗里，用小勺一点一点加入菜汁，调成糊状即可。

健康提示：

要确保宝宝餐具洁净，鸡蛋一定要保证新鲜，最好用柴鸡蛋。

鱼香马蹄鸭肝片

准备食材：

鸭肝、马蹄（荸荠）、料酒、葱姜、盐、醋及四川豆瓣辣酱。

制作方法：

步骤1：将鸭肝切成薄片，放入开水中稍烫，用冷水过滤、沥干，加干淀粉拌匀，使其表面有一层粘性的薄糊浆包裹，再放入四成热的油锅中轻轻划散，待肝片一变色即捞出沥油。

步骤2：将切成薄片的荸荠加入油锅，略煸炒后立即加入香醋少许，以保持荸荠的脆嫩，再翻炒后捞出备用。

步骤3：锅里加少量油，将葱姜及四川豆瓣辣酱煸炒，再放糖、醋、汤水等调和品，兑成卤汁后，略勾芡使其稠粘，最后把鸭肝和荸荠片倒入拌匀即可。

健康提示：

鱼香马蹄鸭肝片富含微量元素锌，色泽金红，香味浓郁，轻酸、辣、甜带鲜咸味，肝片滑嫩可口，荸荠片脆爽。

五彩黄鱼羹

准备食材：

小黄鱼、西芹、胡萝卜、炒松子仁、鲜香菇、葱、姜、盐、味精、料酒、淀粉、胡椒粉、植物油各适量。

制作方法：

步骤1：小黄鱼洗净去骨切成丁状；西芹、胡萝卜、香菇切丝。

步骤2：锅烧热入油，放入葱姜煸炒出香味后，倒入沸水，放入西芹、胡萝卜、香菇、炒松子仁和小黄鱼肉，至鱼熟即可。

步骤3：加食盐、味精、料酒、胡椒粉调味，用水淀粉勾芡，淋上少许熟油即可。

健康提示：

鱼肉鲜嫩，西芹、胡萝卜可口滑爽。这个菜色彩丰富，外观晶莹透亮，富含锌。

绿花菜炸牛排份饭

准备食材：

绿花菜、牛里脊肉、鸡蛋清（1只）、料酒、酱油、盐。

制作方法：

步骤1：牛里脊肉洗净，切成牛排状，用手挤干水分，加料酒、酱油浸10分钟，再加鸡蛋清拌匀。

步骤2：花菜切成小块，茎的部分去皮切成薄片，洗净备用。

步骤3：起油锅（油温不要太高），将牛排炸熟，放入碗中。

步骤4：将绿花菜倒入油锅翻炒，待颜色转绿后加入半碗开水，加盖焖煮，待飘出菜花香气后启盖，加盐。

步骤5：取一大盘，加适量米饭，将绿花菜和牛排放在一侧即可。

健康提示：

牛排含锌量高，配以绿花菜，口感好，营养丰富，很适合宝宝食用。

鸡肝芝麻粥

准备食材：

鸡肝15克，鸡架汤15克，大米100克，酱油、熟芝麻各少许。

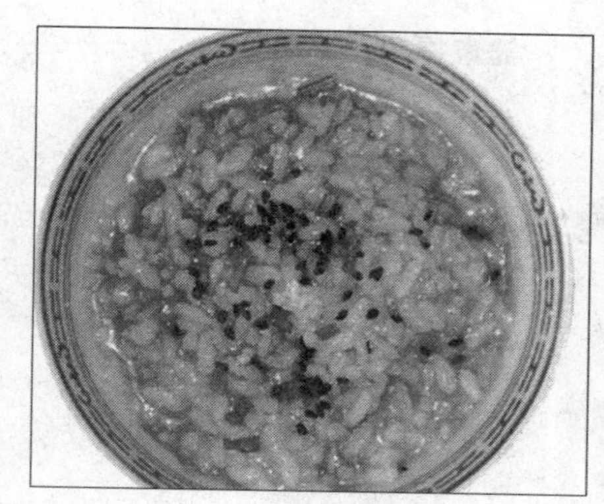

制作方法：

步骤1：将鸡肝放入水中煮，除去血污后再换水煮10分钟后捞起，放入碗内研碎，

步骤2：将鸡架汤放入锅内，加入研碎的鸡肝，煮成糊状。

步骤3：大米煮成粥后，将鸡肝糊加入，再放少许酱油和熟芝麻，搅匀即成。

健康提示：

此粥含有丰富的蛋白质、钙、磷、铁、锌及维生素A、维生素B_1、B_2和尼克酸等多种营养素。有很好的补铁效果哦！

鱼泥豆腐鸡蛋羹

准备食材：

鱼肉、豆腐、鸡蛋。

制作方法：

步骤1：将鱼肉洗净，剁成泥状。

步骤2：豆腐一小块，放到碗里用勺子碾碎。

步骤3：把鱼泥和豆腐泥放到一起，加上一个鸡蛋、少许水搅拌均匀。

步骤4：放到锅里蒸熟就可以吃了。

健康提示：

鱼肉可用鳕鱼块，没有小刺，而且肉质比较细嫩。

鲜菠菜水

准备食材：

菠菜50克、香油适量。

制作方法：

步骤1：将菠菜洗净后切成丝。

步骤2：锅内加水烧沸，放入菠菜，煮3分钟。

步骤3：将煮好的菠菜水倒入小碗内，淋入香油即可。

虾皮拌菠菜

准备食材：

菠菜30克，虾皮、香油各适量。

制作方法：

步骤1：虾皮洗净用清水稍泡后，捞出切碎。

步骤2：菠菜洗净在沸水中焯过，捞出切碎。

步骤3：虾皮和菠菜放在一起拌匀，淋入香油即可。

香菇米粥

准备食材：

香菇 5 朵、大米粥、生抽适量。

制作方法：

步骤 1：香菇洗净，切碎。

步骤 2：锅内加油稍热后放入香菇快速翻炒。放一点生抽，炒至熟烂。

步骤 3：将大米粥倒入锅中，拌匀即可。

牛肉粥

准备食材：

小白菜 20 克，牛肉 20 克，大米粥、植物油各适量。

制作方法：

步骤 1：小白菜洗净切碎；牛肉洗净，剁成泥。

步骤 2：锅中放油，油热后，将牛肉泥放入锅中快速翻炒，牛肉炒至将熟时，再放入小白菜，一同炒熟。

步骤 3：将炒熟的牛肉小白菜倒入大米粥中，拌匀即可。

鱼肉水饺

准备食材：

鲜净鱼肉 50 克、面粉 50 克、肥猪肉 7 克、韭菜 15 克、香油、酱油、精盐、味精、料酒各少许，鸡汤 25 克。

制作方法：

步骤 1：将鱼肉、肥肉洗净，一同切碎，剁成末，加鸡汤搅成糊状，再加入精盐、酱油、味精，继续搅拌成糊状时，加入韭菜（洗净切碎）、香油、料酒，拌匀成馅。

步骤 2：将面粉用温水和匀，揉成面团，揪成 10 个小面剂，擀成小圆皮，加入馅包成小饺子。

步骤3：锅置火上，倒入清水，开后下入饺子，边下边用勺在锅内慢慢推转，待水饺浮起后，见皮鼓起，捞出即成。

步骤4：鱼肉一定要剔净鱼刺，面皮要薄，馅要剁烂，水饺多煮一会儿，以利消化。

健康提示：

此水饺营养丰富，含有婴儿生长所必需的优质蛋白质、脂肪、维生素 B_1、维生素 B_2、尼克酸及钙、磷、铁、碘等营养素，婴儿常食可促进生长发育。

清蒸肝糊

准备食材：

鲜猪肝125克，鸡蛋1个，植物油、葱、香油、盐各适量。

制作方法：

步骤1：猪肝去筋膜，洗净，切小片；葱洗净，切成葱花；鸡蛋打入碗中，打散。

步骤2：锅置火上烧热，加植物油烧热，放入葱花、猪肝片炒熟，盛出剁成细末。

步骤3：将猪肝末放入装有鸡蛋液的碗中，加入适量清水、盐、香油，搅匀，上屉用大火蒸熟即可。

枣泥肝羹

准备食材：

红枣6颗，猪肝50克，西红柿半个，油、盐适量。

制作方法：

步骤1：红枣用清水浸泡1个小时后剥去外皮及内核，将枣肉剁碎。

步骤2：西红柿用开水烫过，去皮后剁成泥。

步骤3：将猪肝去掉筋皮，用搅拌机打碎。

步骤4：将加工好的红枣、西红柿、猪肝混合拌在一起，加调味料和适量的水，上锅蒸熟即可。

健康提示：

红枣的甜香加上西红柿的酸甜，能使肝泥变得别有风味。同时红枣和西红柿中的维生素能促进宝宝对铁元素的吸收和利用。

奶酪南瓜羹

准备食材：

南瓜、奶粉、宝宝奶酪、玉米粉、芝麻。

制作方法：

步骤1：南瓜洗净，去皮去瓤，切块。

步骤2：用蒸锅，制作南瓜泥。在蒸盘下层加入适量水，上面盖上盖子，蒸10分钟左右。

步骤3：蒸好的南瓜取出，用筷子或叉子试一下看南瓜是否已经蒸透，

趁热用小勺压成南瓜泥。

步骤 4：南瓜泥放入汤锅，加入清水煮开，清水与南瓜泥的比例为 2 比 1。

步骤 5：待水煮开时，取一个小碗，将玉米粉过筛，因为玉米粉比较粗，过筛比较细，适合宝宝吃。然后用水调成糊状。

步骤 6：南瓜泥煮开后，用汤勺舀一勺玉米糊加入汤锅中，并不断搅拌以防止玉米糊结块，达到自己想要的黏稠度后，就不用再加入玉米糊了。

步骤 7：煮好的南瓜糊里，加上一勺奶粉，搅拌均匀，味道更香。

步骤 8：最后就是装饰了，可把宝宝奶酪装饰成一个爱心，然后旁边撒上芝麻。

西兰花牛肉泥

准备食材：

西兰花 5 朵、牛里脊肉 100 克、盐适量。

制作方法：

步骤 1：西兰花去掉根部老皮，放入开水中烫 2 分钟，关火焖 3 分钟。

步骤 2：牛柳一块，切成 2

厘米左右的块状，放入水中煮约30分钟至牛肉熟烂。

步骤3：煮好的牛肉块和汁水放入搅拌机中搅拌成肉泥。

步骤4：把西兰花加少量的水也放入搅拌机中打成泥。

步骤5：把打成泥状的西兰花和牛肉再一起搅打均匀，并放少量的盐，上面可点缀胡萝卜丝。

虾酱鸡肉豆腐

准备食材：

南豆腐250克、鸡肉100克，植物油、虾酱、盐、香油、葱花、香菜末各适量。

制作方法：

步骤1：豆腐洗净，放入沸水锅中煮3分钟，捞出晾凉，碾碎；鸡肉洗净，煮熟，切碎。

步骤2：油锅烧热，放入虾酱、葱花，放入豆腐碎、鸡肉碎，大火快炒3分钟，然后放盐调味。

步骤3：待豆腐炒至干松后，撒入香菜末和葱花，淋少许香油即可。

香菇肉丝

准备食材：

新鲜香菇100克，新鲜猪里脊肉50克，油、盐、糖、酱油、鸡精少许，葱花、淀粉微量。

制作方法：

步骤1：将猪里脊肉切丝，用淀粉混合均匀，放在碗中待用。

步骤2：将香菇去根蒂，洗净后切成细条，放进盘中待用。

步骤3：将锅洗净置于灶火上，锅热后倒入适量油，放葱花炒出香味加入肉丝翻炒，并倒入少许酱油着色，翻炒均匀后倒入香菇条混炒，至香菇稍稍变色后撒少许水，盖上稍微焖一下，待水干，加入糖、鸡精，翻炒均匀，关火装盘即可。

猪肝泥

准备食材：

猪肝 20 克。

制作方法：

步骤 1：猪肝洗净备用。

步骤 2：用铁汤匙刮成细浆。

步骤 3：再加少许水蒸约 5 分钟即可。

猪肝米糊

准备食材：

猪肝 20 克、婴儿麦粉 2 小匙（同婴儿奶粉小匙）。

制作方法：

步骤 1：猪肝先洗净，用铁汤匙刮成细浆。

步骤 2：加少许水蒸熟。

步骤 3：拌入麦粉即可。

鱼泥豆腐羹

准备食材：

鲜鱼一条、豆腐一块，淀粉、香油、盐、葱花少许。

制作方法：

步骤 1：将鱼肉洗净，加少许盐、姜，上蒸锅蒸熟后去骨刺，捣成鱼泥。

步骤 2：将水煮开加少许盐，放入切成小块的嫩豆腐，煮沸后加入鱼泥。

步骤 3：加入少量淀粉、香油、葱花，勾芡成糊状即可。

肝末蛋羹

准备食材：

猪肝 20 克、鸡蛋一枚，葱花少许、盐、香油。

制作方法：

将猪肝切成片，放入开水中焯一下，捞出，剁成肝末，放入碗内。再将鸡蛋磕入此碗中，加入葱末、细盐，放少量水调匀，在屉内蒸熟，点香油即成。

番茄鸭肝泥

鸭肝口感细腻，加上番茄汁淡淡的酸甜味儿，宝宝会很喜欢。

准备食材：

番茄汁 15 克、鸭肝 25 克、姜一片。

制作方法：

步骤 1：将鸭肝洗净，放在冷水里浸泡半小时以上，捞出挤出血水。

步骤 2：将挤出了血水的鸭肝凉水下锅煮，加入一片姜片。

步骤 3：在煮的过程当中要撇去浮沫。

步骤 4：将煮熟的鸭肝捞出，捣成泥。

步骤 5：将一个西红柿捣烂，取汁，倒入鸭肝泥当中搅拌均匀即可。

健康提示：

鸭肝不仅口感好，铁含量也相当丰富，每百克鸭肝含铁 23 毫克，其中母麻鸭每百克肝脏铁含量可高达 50 毫克。此外，鸭肝中维生素 A、蛋白质、脂肪等营养素含量也很丰富，对宝宝生长发育、视力发育都有很多好处。

肉菜卷

准备食材：

面粉、黄豆粉、瘦猪肉、胡萝卜、白菜、植物油、葱姜、盐、酱油。

制作方法：

步骤 1：面粉与黄豆粉按 10 比 1 的比例掺和，加适量水和成面团发酵。

步骤 2：瘦猪肉、胡萝卜、白菜切成碎末，加入量植物油、葱姜、盐、酱油搅拌成馅。

步骤 3：发酵好的面团加入碱水揉匀擀面片，抹入备好的肉菜馅，从一边卷起码入屉内蒸 30 分钟即成，切成小段。

肝泥蛋羹

准备食材：

猪肝 35 克、鸡蛋 1 个、香油 2 克，葱姜水、花椒水、细盐各适量。

制作方法：

步骤 1：猪肝切成片，放入开水锅中焯一遍，捞出，剁成肝泥。

步骤 2：鸡蛋打散，加入肝泥、调料，搅匀，上屉蒸 15 分钟即可。

三色肝末

准备食材：

猪肝 25 克、葱头 10 克、胡萝卜 10 克、西红柿 10 克、菠菜 10 克，肉汤、精盐各适量。

制作方法：

步骤 1：猪肝、胡萝卜分别洗净、切碎；葱头剥去外皮、切碎；西红柿用开水烫下，剥皮、切碎；菠菜洗净，用开水烫下，切碎。

步骤 2：分别将切碎的猪肝、葱头、胡萝卜放入锅内并加入肉汤煮熟；再加西红柿末、菠菜末、精盐煮片刻，调匀即成。

牛奶蛋

准备食材：

鸡蛋 1 个、牛奶 200 毫升、白糖适量。

制作方法：

步骤 1：鸡蛋白与蛋黄分开，蛋白抽打至起泡。

步骤 2：锅内加牛奶、蛋黄和白糖，混合均匀，用文火煮片刻；然后用小勺将起泡泡的蛋白一勺一勺地加入牛奶蛋黄锅中，稍煮即成。

猪肝粥

准备食材：

粥 125 克、猪肝 20 克、小白菜叶 20 克。

制作方法：

步骤 1：小白菜洗干净，放热水中烫软；捞起泡冷水，沥干水分，切成细末。

步骤 2：猪肝剁成细末，放入熬好的粥中，煮熟；最后放入小白菜末即可。

第三节　7～9 个月的宝宝推荐食谱

鱼肉豆腐羹

准备食材：

半块豆腐、鱼肉、胡萝卜，盐、油适量。

制作方法：

步骤 1：将半块鲜豆腐捣碎，控出水。

步骤 2：将一小块新鲜的无骨鱼肉，剁成泥，胡萝卜剁成泥。

步骤 3：少量的盐，将豆腐、鱼肉、胡萝卜混合好（不要用菠菜，豆腐和菠菜是不能合吃的），蒸 6～7 分钟。蒸熟以后，将烧开的色拉油，轻轻地浇到豆腐上。

猪肉豆腐羹

准备食材：

肥瘦猪肉 100 克、豆腐 50 克，酱油、淀粉适量，葱、姜、盐少许。

制作方法：

步骤 1：将猪肉洗净剁成肉糜，加酱油搅拌均匀备用，葱、姜切成末备用。

步骤 2：将豆腐搅碎，加拌好的肉馅、葱姜末、湿淀粉、盐及少量清水一起搅拌成泥。

步骤 3：将豆腐肉泥上屉蒸 30～40 分钟，即可食用。

健康提示：

豆腐含有丰富的植物蛋白质，与动物蛋白质相互补充，能对婴儿生长发育起很好的作用。

红小豆泥

准备食材：

红小豆 50 克，红糖、清水适量，植物油少许。

制作方法：

步骤 1：将红小豆拣去杂质洗净，放入锅内，加入凉水用旺火烧开，加盖改小火焖煮至烂成豆沙。

步骤 2：将锅置火上，放入少许油，下入红糖炒至溶化，倒入豆沙，改用中小火炒好即成。

步骤 3：注意煮豆越烂越好，炒豆沙时要不停地擦着锅底搅炒，火要小，以免炒焦而生苦味。

健康提示：

香甜细软，可口，可同粥一起食用。

鸡肝糊

准备食材：

鸡肝15克，鸡架汤150毫升，酱油、蜂蜜各少许。

制作方法：

步骤1：将鸡肝放入沸水中去掉血水，再煮10分钟，取出剥去外衣，放容器内研碎备用。

步骤2：将鸡架汤放入小锅内，加入研碎的鸡肝，煮成糊状，加入少许酱油和蜂蜜，搅匀即成。

健康提示：

鸡肝糊富含钙、磷、铁、锌及蛋白质、维生素A、维生素B_1、维生素B_2和尼克酸等多种营养素。

生菜猪肝泥

准备食材：

猪肝50克、生菜4片、米粉50克、姜2片、柠檬1片、水适量。

制作方法：

步骤1：猪肝切薄片，用清水浸泡，多换几次水，将血水漂洗掉。

步骤2：将浸泡漂洗过几次的猪肝和柠檬片再泡10分钟左右，反复换水漂洗和加柠檬片的目的都是去腥。

步骤3：将清洗好的猪肝片和生姜丝混合，蒸熟。

步骤4：猪肝快蒸熟时，计算好时间，将洗净的生菜烫熟备用。

步骤5：猪肝蒸熟后，拣出生姜丝不用，将蒸熟的猪肝和已烫熟的生菜用搅拌机打成泥，泥的粗细程度根据宝宝的月龄和咀嚼能力调整。

步骤6：将搅拌好的生菜猪肝泥加入调好的米糊中，拌匀即可，趁热吃。

番茄豆腐

准备食材：

红番茄1个、盒装豆腐1/2盒、油1匙。

制作方法：

步骤1：番茄洗净切丁，豆腐切丁备用。

步骤2：起油锅，先将番茄炒熟，再加入豆腐拌炒即可。

健康提示：

番茄中的番茄红素及类胡萝卜素都属于脂溶性维生素，加热炒过后的吸收效果较好。豆腐属于黄豆制品，其中所含的蛋白质相当优质，被称为素食中的“肉类”。

香菇豆腐汤

准备食材：

鲜豆腐300克、香菇90克、黑木耳20克、西红柿50克、黄瓜30克、蛋清1个30克。

制作方法：

步骤1：豆腐捣碎，加盐、蛋清搅拌均匀；取碗一个，在碗内涂一层食用油，放入豆腐。

步骤2：各样蔬菜择洗干净切丁，摆于豆腐之上，上锅隔水蒸10分钟。

步骤3：用适量的水烧开，取出蒸好的豆腐，轻置于水中，加葱、姜末、盐、味精烧沸即可。

健康提示：

香菇具有高蛋白、低脂肪、多糖、多种氨基酸和多种维生素的营养特点。由于香菇中含有一般食品中罕见的伞菌氨酸、口蘑酸等，故味道特别鲜美。豆腐营养丰富，含有铁、钙、磷、镁等人体必需的多种微量元素，还含有糖类、植物油和丰富的优质蛋白，素有“植物肉”之美称。

番茄鱼肉粥

准备食材：

番茄30克、鱼肉50克、大米适量。

制作方法：

步骤1：把新鲜鱼肉放进锅里煮熟后取出，去除鱼皮和鱼刺，把鱼肉碾碎备用；把番茄洗净去皮切碎；大米淘洗干净后加水浸泡一小时左右。

步骤2：在锅里放入清水、大米煮沸，转小火，快熟的时候放入鱼肉和番茄，搅拌均匀到熟烂即可食用。

健康提示：

番茄含有果糖、维生素、苹果酸、柠檬酸以及钙、磷、铁等，对宝宝有补益作用。其味甘、酸，能养肝胃，并能清热止渴。

栗子粥

准备食材：

大米粥1小碗、栗子3个、精盐少许。

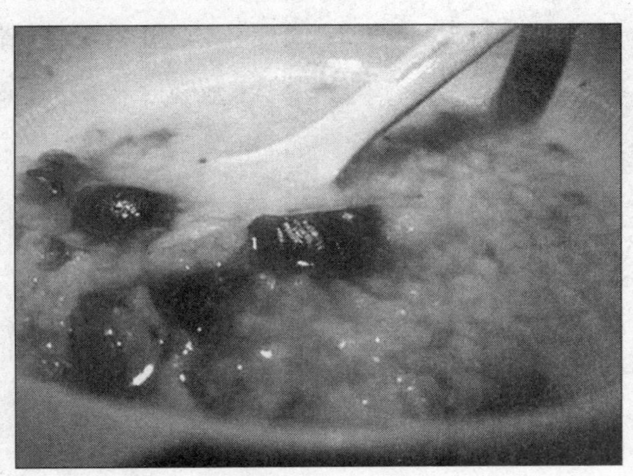

制作方法：

步骤1：将栗子剥去内、外皮后切碎。

步骤2：将锅置火上，加入水，放入栗子煮熟后，再与大米粥混合同煮一下，加入少许精盐，使其具有淡淡的咸味即可喂食。

健康提示：

此粥黏稠略咸，含有丰富的蛋白质、碳水化合物、胡萝卜素及维生素 B_1、B_2、C和尼克酸等多种营养素。栗子煮粥可治婴儿腹泻、脚软无力及口角炎、舌炎、唇炎、阴囊炎等核黄素缺乏症。

银鱼蛋黄菠菜粥

准备食材：

白米、银鱼、菠菜。

制作方法：

步骤1：白米洗净后加入3杯水浸泡1小时，将浸泡过的白米用小火熬煮成粥。

步骤2：银鱼清洗后切成细末放到白米粥中熬煮约30分钟，再加入鸡蛋拌匀。

步骤3：将菠菜洗净并切成细末，再放入白米粥中一起煮，熄火后晾温即可喂食。

健康提示：

此粥含有丰富的蛋白质、脂肪、碳水化合物、钙、磷、锌及维生素A、维生素B、维生素C、维生素D等多种营养素。

鸡肉粥

准备食材：

鸡胸脯肉10克，米饭1/4碗，海带清汤1/2杯，菠菜10克，酱油、白糖若干。

制作方法：

步骤1：将鸡胸脯肉去筋，切成小块，用酱油和白糖腌一下。

步骤2：将菠菜炖熟并切碎。

步骤3：米饭用海带清汤煮一下，再放入菠菜鸡肉同煮。

鸡肝粥

准备食材：

鸡肝15克，鸡架汤15克，酱油、蜂蜜各少许。

制作方法：

步骤1：将鸡肝放入水中煮，除去血后再换水煮10分钟，取出剥去鸡肝外皮，将肝放入碗内研碎。

步骤2：将鸡架汤放入锅内，加入研碎的鸡肝，煮成糊状，加入少许酱油和蜂蜜，搅匀即成。

健康提示：

此粥味道甜咸，呈糊状，非常适合宝宝食用。且含有丰富的蛋白质、钙、磷、铁、锌及维生素 A、B_1、B_2 和尼克酸等多种营养素。

香甜南瓜粥

准备食材：

南瓜 50 克、米 50 克。

制作方法：

步骤 1：将南瓜清洗干净，削去外皮，切成碎粒。

步骤 2：将米放入小锅中清洗干净，再加入 400 毫升的水。中火将锅中的水烧开，用勺子轻轻搅拌一下，以防米粒粘在锅底，再转小火继续煮制 20 分钟。

步骤 3：将切好的南瓜粒放入粥锅中，小火再煮 10 分钟，直至南瓜软烂即可。

健康提示：

南瓜含有丰富的β胡萝卜素、大量的锌和丰富的糖分，而且较易消化吸收，比较适合刚开始吃辅食的宝宝食用。

蛋黄豌豆粥

准备食材：

荷兰豆 100 克，蛋黄 1 只，米 50 克，水约 250 克，盐、香油各少许。

制作方法：

步骤1：将荷兰豆放进搅拌机中用点触手法打碎，或用刀切成细丝。

步骤2：将鸡蛋煮熟去壳，取出蛋黄，压成蛋黄泥。

步骤3：将米浸泡20分钟后，放水煮1小时，煮成半糊状，然后加入准备好的豆末和蛋黄泥，再加少许盐，淋上一点香油即可。

健康提示：

此粥黏稠，口感香糯，营养价值丰富，含蛋白质、碳水化合物、脂肪、多种维生素、氨基酸及钙、磷、铁。

豆腐蒸肉

准备食材：

水豆腐两块，瘦肉、葱花等调料。

制作方法：

步骤1：锅里加水，水开后，放豆腐进去，让豆腐过水，去下豆腥味。

步骤2：瘦肉剁成肉末，加上盐、葱花、姜蒜、生抽、香油等搅拌均匀，均匀地摊到豆腐上。

步骤3：煮豆腐的水可以直接用，将豆腐放进去蒸熟。

步骤4：蒸12～15分钟之后，就可以出锅了，美味的豆腐蒸肉完成。

健康提示：

做肉末的时候，可以加上鸡蛋，如果想要豆腐更入味的话，可以把豆腐也碾成末，将肉末平摊在豆腐上即可，加了鸡蛋的肉末味道更好！

鸡蛋羹

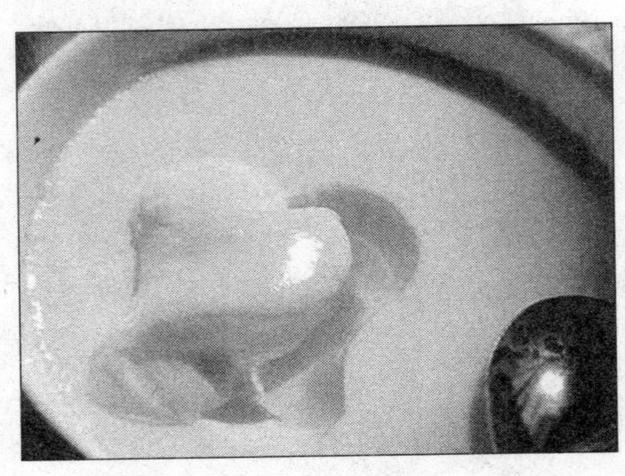

准备食材：

鸡蛋1枚，清水200克。

制作方法：

步骤1：搅拌。把鸡蛋打进干净的碗里，用筷子把蛋黄和蛋清挑碎，加进少量食盐，然后顺时针搅拌一分钟。

步骤2：加清水。在碗里加进清水，清水离碗边或者其他的可以入锅蒸的容器边有一厘米的位置。继续搅拌，使鸡蛋和清水混合均匀。

步骤3：入锅蒸制。先把水烧开，然后把放着鸡蛋液的碗放入锅内中火蒸制，时间五分钟。蒸制中间大概蒸制3分钟后需要打开锅盖，用小勺子把蛋羹适当轻轻搅拌一下，把下面紧挨着容器壁的鸡蛋液翻到上面来，以免被热的容器壁加热固化从而使鸡蛋液结块。翻搅2分钟后就关火出锅。

此时注意：如果是大火蒸制或者中火蒸制时间长了就不太好了，这样蒸出来的鸡蛋羹有蜂窝状，或者鸡蛋羹会结块。

步骤4：出锅后处理。小孩子的胃肠消化功能不健全，所以不建议在鸡蛋羹里加上什么料酒，十三香之类的佐料，就仅仅是鸡蛋、食盐就完全可以让孩子高兴地吃下去。只是不要把蛋羹搅碎了就好，大不了滴上两滴小磨香油，不要滴多了。

健康提示：

蒸出来的鸡蛋羹就像豆腐脑一样，软滑适度，入口即化，不温不火的正好适合宝宝半流质的食物偏好。这样一顿饭一个鸡蛋的量营养绝对足够。

番茄蛋羹

番茄含有丰富的胡萝卜素、维生素 B 和 C，尤其是维生素 P 的含量居蔬菜之冠。鸡蛋含丰富的优质蛋白，还有其他重要的微量营养素，如钾、钠、镁、磷，特别是蛋黄中的铁质达 7 毫克/100 克，婴儿食用蛋类，可以补充奶类中铁的匮乏，蛋中的磷很丰富，但钙相对不足，所以，将奶类与鸡蛋共同喂养婴儿就可营养互补。

准备食材：

鸡蛋 1 个、番茄 1/2 个、水 2 勺、盐 200 毫克。

制作方法：

步骤 1：将鸡蛋搅成糊。

步骤 2：将番茄挤出汁过滤。

步骤 3：将蛋糊、番茄汁、水、盐搅匀。

步骤 4：放入凉水蒸锅内开始蒸 8～10 分钟。

健康提示：

蛋羹滑嫩有营养，好消化，搭配蔬菜后营养更丰富。变换花色也有利于引起宝宝对食物的兴趣。

蔬菜蛋羹

鸡蛋含丰富的优质蛋白，还有其他重要的微营养素，如钾、钠、镁、磷，特别是蛋黄中的铁质达7毫克/100克。婴儿食用蛋类，可以补充奶类中铁的匮乏，蛋中的磷很丰富，但钙相对不足，所以，将奶类与鸡蛋共同喂养婴儿就可营养互补。

叶菜类蔬菜，特别是深色、绿色蔬菜，如菠菜、韭菜、芹菜等营养价值最高。菠菜主要含有维生素C、维生素B，并含有较多的叶酸及胆碱，无机盐的含量较丰富，尤其是铁和镁的含量较高。

准备食材：

鸡蛋1个、菠菜1棵、胡萝卜1/8个、盐少许。

制作方法：

步骤1：将鸡蛋搅成糊。

步骤2：菠菜，胡萝卜切碎，放入开水中煮。

步骤3：将煮烂的蔬菜放入蛋糊中搅拌；加盐后入蒸锅蒸熟。

健康提示：

胡萝卜中含有丰富的铁和胡萝卜素，有助于宝宝眼睛的发育及免疫力提高。加入蔬菜的鸡蛋羹可以给宝宝更全面的营养。

肉泥蛋羹

准备食材：

鸡蛋1个、肉泥1勺（10克）、水1/4杯、盐少许。

制作方法：

步骤1：将鸡蛋搅成糊。

步骤2：加肉泥和盐搅拌，放入锅内蒸熟。

酸奶蛋羹

准备食材：

鸡蛋1个、酸奶1勺、牛奶1/4杯、糖适量。

制作方法：

步骤1：将鸡蛋搅成糊。

步骤2：加入牛奶搅拌均匀，加盐，放入锅内蒸熟。

步骤3：倒上酸奶。

健康提示：

鸡蛋含丰富的优质蛋白，还有其他重要的微营养素，如钾、钠、镁、磷，特别是蛋黄中的铁质达7毫克/100克，婴儿食用蛋类，可以补充奶类中铁的匮乏，蛋中的磷很丰富，但钙相对不足，所以，将奶类与鸡蛋共同喂养婴儿就可营养互补。酸奶的营养价值颇高，比鲜奶更易于消化吸收，这是因为发酵乳中有活力强的乳酸菌，能增强消化，促进食欲，加强肠的蠕动和机体的物质代谢，因此经常饮用酸奶可以起到食疗兼收的作用，大有益于增强宝宝的健康。

三鲜蛋羹

准备食材：

鸡蛋，虾仁，蘑菇，精肉末，葱、蒜适量，食油适量，料酒、盐、麻油少许。

制作方法：

步骤 1：蘑菇洗净切成丁；虾仁切丁。

步骤 2：起油锅，加入葱蒜煸香，放入三丁，加料酒、盐，炒熟。

步骤 3：鸡蛋打入碗中，加少许食盐和清水调匀，放入锅中蒸热，将炒好的三丁倒入搅匀，再继续蒸 5～8 分钟即可。

健康提示：

补充丰富的铁、钙和蛋白质。

奶油水果蛋羹

准备食材：

鸡蛋 1 个、苹果 1 片、黄桃 1 片、香蕉 1 段、淡奶油 1 勺、糖 1/4 勺。

制作方法：

步骤 1：鸡蛋搅成糊，加等量的水搅拌后蒸熟。

步骤2：将水果切成碎块，倒入。

步骤3：奶油、糖搅拌后倒在上面。

蛋花鸡汤烂面

准备食材：

鸡蛋1个、细面条5根、鸡汤1/2杯，盐少许。

制作方法：

步骤1：将鸡汤煮开后下面条煮软。

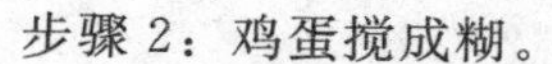

步骤2：鸡蛋搅成糊。

步骤3：将鸡蛋糊慢慢倒入煮沸的面条汤，再加盐即可。

健康提示：

面条是维生素和矿物质的重要来源，内含维持神经平衡所必需的维生素B_1、B_2、B_3、B_6和B_9，还含有钙、铁、磷、镁、钾和铜。

蛋花藕粉

准备食材：

鸡蛋1个、水1/4杯、配方奶1/4杯、藕粉1/2勺、糖少许。

制作方法：

步骤1：将藕粉加水搅成水淀粉，加水、牛奶搅拌。

步骤2：放入锅内，边煮边搅，将鸡蛋搅成糊。

步骤3：煮沸后淋入鸡蛋糊，边煮边搅，最后加糖。

健康提示：

藕粉除含淀粉、葡萄糖、蛋白质外，还含有钙、铁、磷及多种维生素，中医认为藕能补五脏和脾胃，益血补气。

双花稀粥

准备食材：

鸡蛋1个、菜花1小朵、西兰花1小朵、米饭1/4碗、水1/2杯、盐200毫克。

制作方法：

步骤1：将菜花、西兰花、木耳切成碎块。

步骤2：鸡蛋搅成糊。

步骤3：将米饭和水放入锅中，煮沸后小火煮稠。

步骤4：缓慢加入蛋糊，边加边搅，再加入菜花、西兰花、木耳继续煮烂，最后加盐调味即可。

健康提示：

菜花、西兰花含有丰富的维生素和矿物质，木耳营养丰富，此粥尤其适合此时期宝宝食用，补充多种营养。

肝泥酸奶

准备食材：

肝泥1勺、酸奶2勺。

制作方法：

步骤 1：将酸奶放在碗中。

步骤 2：肝泥弄熟放在酸奶之上，吃时拌匀。

健康提示：

动物肝中维生素 A 的含量远远超过奶、蛋、肉、鱼等食品，具有维持正常生长和生殖机能的作用，经常食用动物肝还能补充维生素 B_2，这对补充机体重要的辅酶，完成机体对一些有毒成分的去毒有重要作用，而且动物肝脏含铁丰富，铁质是产生红血球必需的元素。酸奶的营养价值颇高，比鲜奶更易于消化吸收，这是因为发酵乳中有活力强的乳酸菌，能增强消化，促进食欲，加强肠的蠕动和机体的物质代谢，因此经常饮用酸奶可以起到食疗兼收的作用，大有益于增强人体的健康，也是制作儿童营养食谱的好素材。

番茄猪肝泥

准备食材：

新鲜猪肝 20 克、番茄 100 克。

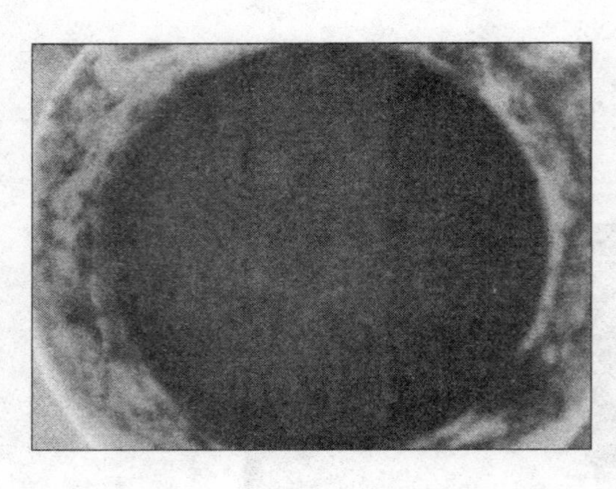

制作方法：

步骤 1：番茄洗净，开水焯一下好去皮，切块，捣烂成泥状；把新鲜猪肝洗净去掉筋膜，切碎成泥状。

步骤 2：将番茄泥与猪肝泥混合搅拌；准备好蒸锅，把番茄猪肝泥放入蒸笼蒸煮五分钟左右取出，再捣碎一些即可。

健康提示：

猪肝富含丰富的钙铁锌等微量元素，与西红柿一起吃，可以有效改善宝宝食欲，防止宝宝贫血。

肝泥烂面

准备食材：

肝泥 1 勺、面条 6 根、水 1/2 杯、盐少许。

制作方法：

步骤 1：水煮沸，下面条煮沸。

步骤 2：加肝泥和盐继续煮至面条变软。

香蕉蜜奶

准备食材：

香蕉 1/6 根、奶 1/4 杯、婴儿蜂蜜 1 勺。

制作方法：

步骤 1：将香蕉切碎碾成泥。

步骤 2：奶用文火煮开，加香蕉泥搅拌。

步骤 3：最后加蜂蜜拌匀。

健康提示：

香蕉含有称为“智慧之盐”的磷，又有丰富的蛋白质、糖、钾、维生素 A 和 C，同时纤维也多，堪称相当好的营养食品。蜂蜜是一种天然食品，味道甜蜜，所含的单糖，不需要经消化就可以被宝宝吸收，蜂蜜还具有杀菌的作用。

苹果奶粥

准备食材：

苹果 1/2 个、奶 1/2 杯、米饭 1/6 碗。

制作方法：

步骤 1：将苹果削皮去核，切碎块。

步骤 2：将米饭、奶放入锅内煮粘稠。

步骤 3：最后加入苹果碎块煮 2～3 分钟。

健康提示：

苹果对宝宝便秘具有良效，因为其含有极丰富的果胶，而果胶是可以溶化于水的纤维，患有便秘时不被消化的果胶会在肠内含有水分，而使粪便变得柔软，且容易排泄出。苹果富含微量元素钾、锌、镁等。牛奶中含有大量蛋白质，主要是酪蛋白、白蛋白、球蛋白、乳蛋白等，所含的20多种氨基酸中有人体必须的8种氨基酸。

海鲜粥

准备食材：

鲜虾仁1只、蟹钳1只、米饭1/6碗、水1杯、盐200毫克。

制作方法：

步骤1：将鲜虾仁去皮去沙线，切碎。

步骤2：蟹钳蒸熟后，去壳，挑出蟹肉，切碎。

步骤3：将米饭、鲜虾仁、蟹肉、水，入锅煮黏稠。

步骤4：最后加盐即可。

健康提示：

海洋生物富含易于消化的蛋白质和氨基酸，食物蛋白的营养价值主要取决于氨基酸的组成，海洋中鱼、虾、贝、蟹等生物蛋白质含量丰富，海洋生物中含有独特的不饱和脂肪酸，海洋生物也是无机盐和微量元素的宝库。

玉米粥

准备食材：

甜玉米粒20粒、粥1小碗、鸡蛋1/2个、盐少许。

制作方法：

步骤1：将甜玉米粒用搅拌机磨碎。

步骤2：将粥、玉米碎粒一起煮粘稠。

步骤3：将鸡蛋打散淋入粥内煮开，最后加少许盐。

健康提示：

玉米是众多主食中营养价值和保健作用最高的，除了含有碳水化合物、蛋白质、脂肪、胡萝卜素外，玉米中还含有核黄素、维生素等营养物质。玉米含有7种钙、谷胱甘肽、维生素、镁、硒、维生素E和脂肪酸。经测定，每100克玉米能提供近300毫克的钙，几乎与乳制品中所含的钙差不多。此外，多吃玉米还能刺激大脑细胞，增强宝宝的脑力和智力。

南瓜奶粥

准备食材：

老南瓜、大米、配方奶。

制作方法：

步骤1：南瓜去皮，去瓤，切小块，上屉蒸熟。

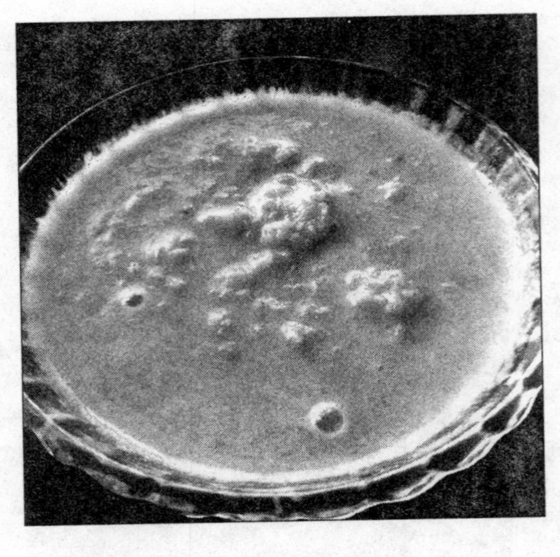

步骤 2：将大米洗净做成米饭。

步骤 3：将米饭和蒸熟的南瓜加适量的水熬成粘稠状。

步骤 4：然后加入配方奶小火熬 3～5 分钟即成。

健康提示：

南瓜中含有维生素、果胶、锌等，有保护胃黏膜、吸附毒素排毒和促进蛋白质合成的作用。

乳酪粥

准备食材：

粥 1 小碗、乳酪 5 克。

制作方法：

步骤 1：将乳酪切成小块。

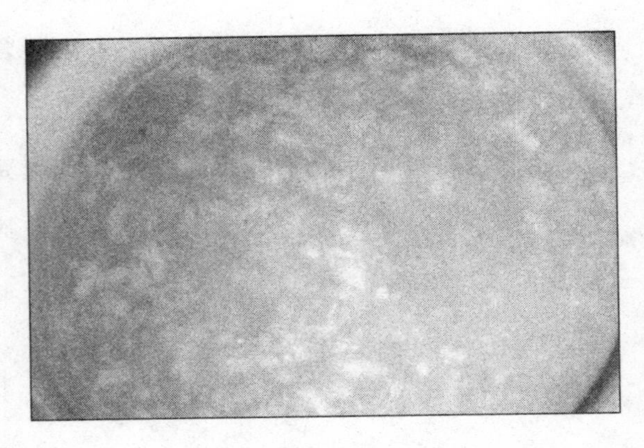

步骤 2：粥煮开，放入乳酪块，融化后关火。

健康提示：

乳酪是营养价值极高的天然食品，蛋白质的含量比同等重量的肉类来得高，并且富含钙、磷、钠、维生素 A、B 等营养元素，可帮助孩童骨骼与肌肉的成长，更可以帮助改善体质，天然乳酪含有活性乳酸菌，可助消化和强化免疫力。

果汁豆腐脑

准备食材：

西瓜1块、南豆腐1/8块、水1杯、糖少许。

制作方法：

步骤1：用榨汁机将西瓜榨出汁。

步骤2：将南豆腐捣碎并加水煮沸。

步骤3：将糖加入西瓜汁搅拌。

步骤4：将豆腐脑用漏勺捞出后放入西瓜汁。

肉蛋豆腐粥

准备食材：

大米、瘦猪肉25克、豆腐15克、鸡蛋半只、食盐少许。

制作方法：

步骤1：将瘦猪肉剁为泥，豆腐研碎，鸡蛋去壳，将一半蛋液搅散。

步骤2：将大米洗净，酌加清水，文火煨至八成熟时下肉泥，继续煮。

步骤3：将豆腐、蛋液倒入肉粥中，旺火煮至蛋熟，调入少许食盐。

健康提示：

猪肉含有丰富的优质蛋白质和脂肪，具有补肾养血的功效。大米主要营养成分是碳水化合物和蛋白质，其他营养成分还有糖类、钙、磷、铁、葡萄糖、果糖、麦芽糖、维生素 B_1、维生素 B_2 等，这些都是人体必需的营养素。豆腐的蛋白质含量丰富，而且豆腐蛋白属完全蛋白，不仅含有人体必需的 8 种氨基酸，而且比例也接近人体需要，营养价值较高。

奶汁豆腐

准备食材：

豆腐 1 块，牛奶 25 克，胡萝卜、油菜叶各 10 克，花生油 25 克，水淀粉、精盐、味精、姜丝、鲜汤各少许。

制作方法：

步骤 1：将胡萝卜、油菜叶分别切成 1.3 厘米见方的丁和片。

步骤 2：将豆腐放入沸水锅内烫透，捞出过凉，也切成 1.3 厘米见方的丁。

步骤 3：将炒锅置火上烧热，放入底油，油热下豆腐丁，煎呈黄色时，下入姜丝，添入牛奶和鲜汤，加入精盐、味精烧沸后，转小火加盖慢煮，至水乳交融，奶香四溢时，转旺火，加入烫过的胡萝卜丁、油菜叶片，用锅铲推匀后，用水淀粉勾薄芡，盛入盘内即可。

健康提示：

软嫩适口，有奶油清香，营养丰富。

酸奶豆腐

准备食材：

豆腐1/10块、酸奶10毫升、草莓2个。

制作方法：

步骤1：将豆腐切成均匀的薄片。

步骤2：将豆腐片放入开水中煮沸后冷却装盘。

步骤3：将草莓洗净后对半切开，放到豆腐上作为装饰，最后淋上酸奶即可。

水果豆腐

准备食材：

鲜豆腐25克、苹果1个、橘子1个、蜂蜜少许。

制作方法：

先把豆腐放在开水中焯一下捞出，放在盘子里用勺研碎，将洗干净的苹果去皮去核，用容器研碎；剥去橘子皮并去核，然后将其研碎，把研碎的苹果和橘子与少许蜂蜜混合后，加入豆腐搅拌均匀即可。

健康提示：

常吃豆腐可以保护肝脏，促进机体代谢，增强免疫力并且有解毒作用。

翡翠豆腐

准备食材：

黄瓜1根、豆腐1/10块、盐少许。

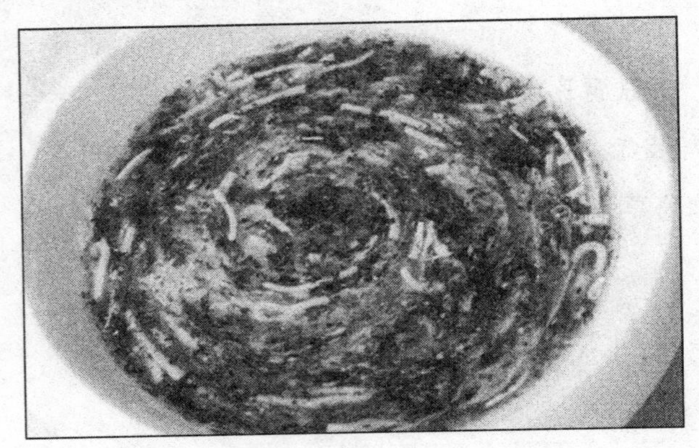

制作方法：

步骤1：将黄瓜洗净后，用研磨挤出汁来装入碗内。

步骤2：将豆腐碾碎加黄瓜汁、盐。

步骤3：放入锅内蒸5～10分钟。

健康提示：

黄瓜味甘性凉，具有清热利水、解毒的功效，对胸热、利尿等有独特的功效，黄瓜中含蛋白质、脂肪、糖类化合物、矿物质（钾、钙、磷、铁）、维生素（A、B_1、B_2、C、E）、丙醇二酸等成分。

蒸鱼泥豆腐

准备食材：

豆腐1/10块、鱼泥1/2勺、葱末少许、盐少许。

制作方法：

步骤1：将豆腐碾碎。

步骤2：加入鱼泥、葱末、盐拌匀。

步骤3：倒入小碗蒸15分钟。

健康提示：

鱼不仅营养丰富，而且美味可口。鱼是人类食品中动物蛋白质的重要来源之一，鱼含动物蛋白和钙、磷及维生素A、D、B_1、B_2等重要物质，鱼肉中蛋白质含量丰富，其中所含氨基酸的量和比值最适合宝宝身体的需要。

阳光翠绿粥

准备食材：

菠菜20克、鸡蛋一颗、米饭半碗（约100克）。

制作方法：

步骤1：将菠菜洗净切成小段，放入锅中，加少量水熬煮成糊状。

步骤2：取出煮好的菠菜，以汤匙压碎成泥状。

步骤3：将鸡蛋置于水中煮熟。

步骤4：取蛋黄，以汤匙压碎成泥状。

步骤 5：米饭加水熬成稀饭，然后将菠菜泥与蛋黄泥拌入即可。

健康提示：

菠菜具有养血滋阴的功效，蛋黄性味甘、平，有滋阴养血、润燥熄风的功效。鸡蛋的脂肪集中在蛋黄里，大部分为中性脂肪，容易消化。因而本菜对宝宝有良好的滋阴补血的功效。

疙瘩汤

准备食材：

面粉 200 克，葱 1/2 根（约 200 克），鸡蛋 50 克，青菜少许，盐 1 茶匙（5 克），鸡精 1 茶匙（5 克），白胡椒粉 1/2 茶匙（3 克）。

制作方法：

步骤 1：将白萝卜洗净切成细丝，在锅内先用油炒一下，加水、加盐。

步骤 2：在等待水开的过程中，准备面疙瘩。将面粉放入碗中，加少许凉水，用筷子搅拌，让面粉结成小面疙瘩，这很重要，疙瘩要小，比较好入味，可以将比较大的面疙瘩撕成小块。

步骤 3：水开了，将面疙瘩加入锅内，用勺子搅拌疙瘩汤，防止糊底。

步骤4：加入紫菜和青菜。快起锅时，加入盐、鸡精和一些白胡椒粉提提味。

虾末菜花

准备食材：

菜花40克、虾10克，白酱油、盐各少许。

制作方法：

步骤1：菜花洗净，放入沸水中煮软后切碎。

步骤2：虾洗净，去除沙线，放入沸水中煮后剥皮，切碎，煮熟。

步骤3：熟虾仁碎加入白酱油、盐煮熟，倒在菜花上即可。

健康提示：

此菜细嫩，味甘鲜美，食后容易消化。菜花营养丰富，含有蛋白质、脂肪、糖及较多的维生素A、B、C和较丰富的钙、磷、铁等矿物质。尤以维生素C含量最多，是同量大白菜含量的4倍，番茄含量的8倍，芹菜含量的15倍，苹果含量的20倍以上。人体摄入足量的维生素C后，不但能增强肝脏的解毒能力，促进生长发育，而且有提高机体免疫力的作用，能够防止感冒、坏血病等的发生。

山药羹

准备食材：

山药 100 克、糯米 50 克、枸杞子少许、白糖适量。

制作方法：

步骤 1：山药去皮，洗净。切小块；糯米淘洗干净，入清水中浸泡 3 小时后和山药块一起放入搅拌机中打成汁备用。

步骤 2：糯米山药汁、枸杞子下入锅中煮成羹，放白糖即可。

小白菜玉米粥

准备食材：

小白菜、玉米面各 50 克。

制作方法：

步骤 1：小白菜洗净，入沸水中焯烫，捞出，切成末。

步骤 2：用温水将玉米面搅拌成浆，加入小白菜末，拌匀。

步骤 3：锅置火上，倒水煮沸，下入小白菜末玉米浆，大火煮沸即可。

什锦猪肉菜末

准备食材：

猪肉15克，西红柿、胡萝卜、葱头、柿子椒各75克，盐、肉汤适量。

制作方法：

步骤1：将猪肉、西红柿、胡萝卜、葱头、柿子椒分别洗净，切成碎末。

步骤2：将猪肉末和各种蔬菜末一起放入锅内（西红柿末除外）加肉汤煮软，再加入西红柿末略煮，加入少许盐，使其具有淡淡的咸味。

提示：做什锦菜末时，可根据季节变换蔬菜等品种，但要注意保持菜的色泽鲜艳和营养素搭配。

健康提示：

肉类和蔬菜搭配营养更全面，对于不爱吃胡萝卜的宝宝可以先把胡萝卜煮熟压成泥加入，宝宝会更容易接受。

杏仁苹果豆腐羹

准备食材：

豆腐（北）100 克、苹果 70 克、香菇（鲜）30 克、杏仁 30 克、香油 5 克、盐 2 克。

制作方法：

步骤 1：将豆腐切小块置水中泡一下捞起；冬菇搅成茸和豆腐煮滚，油盐调味勾芡成豆腐羹。

步骤 2：杏仁去衣，苹果切粒，同搅成茸。

步骤 3：待豆腐羹冷却，加杏仁、苹果糊拌匀即成。

健康提示：

常吃豆腐可增加免疫力，促进机体代谢，保护肝脏，儿童食用有利于生长发育。

黑木耳番茄炒鸡蛋

准备食材：

木耳、番茄、鸡蛋。

制作方法：

步骤 1：将黑木耳提前泡发，洗净后用手撕成小片，开水中焯水后滤干备用。

步骤 2：番茄洗净后切丁备用；鸡蛋打散，加少量香菇水，加少许盐搅匀备用。

步骤 3：锅内注油加热，将步骤 2 中蛋液倒入炒至 7～8 成熟盛起备用，注意下蛋液时火不要太大，鸡蛋一定不要炒老了，嫩滑的鸡蛋才入味好吃。

步骤 4：锅内再加少许油，下步骤 1 中的黑木耳煸炒一会，再加入步骤 2 中的番茄丁，炒匀后，依次加入糖、蚝油、老抽（增色用的，适量添加）、盐，再加入步骤 3 中的鸡蛋块，迅速翻炒均匀（加了糖和盐后，番茄不宜高温下久炒，会出很多水的，不好吃也不好看），起锅上桌。

健康提示：

据分析，每百克鸡蛋含蛋白质 14.7 克，主要为卵白蛋白和卵球蛋白，其中含有人体必需的 8 种氨基酸，且与人体蛋白的组成极为近似，人体对鸡蛋蛋白质的吸收率可高达 98%。每百克鸡蛋含脂肪 11～15 克，主要集中在蛋黄里，也极易被人体消化吸收，蛋黄中含有丰富的卵磷脂、固醇类、蛋黄素以及钙、磷、铁、维生素 A、维生素 D 及 B 族维生素。这些成分对增进神经系统的功能大有裨益，因此，鸡蛋又是较好的健脑食品。

太极玉米天河素

准备食材：

玉米羹罐头 1 桶、菠菜泥 50 克、西式鸡清汤 500 克、味精 8 克、精盐 5 克、白糖 2 克、湿淀粉 30 克。

制作方法：

步骤 1：锅中下入鸡清汤 400 克，加入玉米羹、味精、精盐、白糖，调匀烧开，下入湿淀粉 20 克勾芡，盛入汤窝（盅子）中。

步骤2：将锅刷净，下入鸡清汤，调入菠菜泥烧开，调入味精3克、精盐2克，下入湿淀粉勾芡，用平勺盛入汤窝中，玉米羹一边成太极状。

步骤3：再用小勺盛1勺玉米羹点在素菜羹一边的太极鱼眼处，用小勺盛锅中余下的素菜羹1勺点在玉米羹一边的太极鱼眼处即成。

健康提示：

据研究测定，每100克玉米含热量106千卡，纤维素2.9克，蛋白质4.0克，脂肪1.2克，碳水化合物22.8克，另含矿物质元素和维生素等。玉米中含有较多的粗纤维，比精米、精面高4～10倍。玉米中还含有大量镁，镁可加强肠壁蠕动，促进体内废物的排泄。

黄花菜猪瘦肉汤

准备食材：

猪瘦肉500克、黄花菜80克、红枣10枚、盐少许。

制作方法：

步骤1：将猪瘦肉洗净，切成小块，备用。

步骤2：黄花菜洗净，红枣去核洗净，同猪肉、盐一起放入煲中煲至猪瘦肉烂，即可饮汤食肉。

健康提示：

黄花菜有较好的健脑、抗衰老功效，是因其含有丰富的卵磷脂，这种物质是机体中许多细胞，特别是大脑细胞的组成成分，对增强和改善大脑功能有重要作用，同时能清除动脉内的沉积物，对注意力不集中、记忆力减退、脑动脉阻塞等症状有特殊疗效，故人们称之为“健脑菜”。另据研究表明，黄花菜能显著降低血清胆固醇的含量，有利于高血压患者的康复，可作为高血压患者的保健蔬菜。

银耳南瓜粥

准备食材：

南瓜、银耳、大米。

制作方法：

步骤1：南瓜去皮去瓤，切块。

步骤2：银耳，水发好，洗净。

步骤3：大米先入锅煮，差不多的时候，加入南瓜银耳一起煮，南瓜大米都煮软的时候，出锅。

鸡蓉玉米蘑菇汤

准备食材：

玉米半根，鸡肉30克，平菇2朵，口蘑2个，鸡蛋1个，食用油、盐、淀粉水各适量。

制作方法：

步骤1：玉米剥粒剁成蓉，鸡肉剁成粒，平菇和口蘑洗净后也切成末，鸡蛋打散备用。

步骤2：锅中放入少许油烧沸，下入蘑菇炒匀，加入适量清水烧沸，再下入玉米蓉和鸡蓉，煮至菜熟汤黏稠时淋入蛋液，加盐调味，最后用淀粉水勾芡即可出锅。

鳕鱼酸奶汤

准备食材：

鳕鱼30克、酸奶80毫升。

制作方法：

步骤 1：将鳕鱼洗净，入沸水中煮熟，捞出。

步骤 2：将鳕鱼去净骨刺，鱼肉用勺背压碎，加入酸奶，搅匀后即可喂食。

健康提示：

用鱼给孩子制作断奶食品时，适量添加婴儿喜欢的牛奶或奶制品，可以更好地使鱼肉变软并保持鲜嫩。

肉末卷心菜

准备食材：

猪肉 50 克、卷心菜 40 克、洋葱 30 克、高汤适量、盐适量。

制作方法：

步骤 1：将卷心菜和洋葱洗净后切成碎末，猪肉洗净，剁成细末。

步骤 2：将高汤放入锅内，放入肉末、洋葱末，稍煮后再加入卷心菜，煮至菜熟软，最后加入少许盐调味即成。

健康提示：

卷心菜含有多种人体必需的氨基酸，还含有维生素 C、维生素 U，胡萝卜素、维生素 B_1、维生素 B_2、尼克酸和蛋白质、脂肪、钾、钙等。有健胃补肾作用，常食可强身壮体。

第三章

宝宝要断奶，妈妈早准备

（10～12个月宝宝食谱）

第一节　10～12 个月的宝宝吃什么易断奶

母乳在免疫学、营养学、生殖生理学及心理学等方面均有着特殊的功能，有着其他奶制品无法比拟的优点，因此，母乳成为小儿最理想的食品。在适当的时间给小儿断奶，逐渐改喂辅食，是小儿喂养的必经之路。一般来讲，小儿在 1 岁左右断奶比较合适，但是，捕食的添加则是必需的，断奶的过程应是循序渐进的，开始时可先减少哺乳次数，同时增加喂辅食的次数和量，直到小儿适应。断奶时间的选择还应根据季节和孩子的具体情况来定，如果遇到夏季或孩子有病时，断奶时间可适当推迟。

吃营养丰富、细软、容易消化的食物

1 岁的小儿咀嚼能力和消化能力都很弱，吃粗糙的食品不易消化，易导致腹泻。所以，要给孩子吃一些软、烂的食品。一般来讲，主食可吃软面条、米粥、小馄饨等，副食可吃肉末、肉松、菜泥及蛋羹等。值得一提的是，牛乳是小儿断奶后的必需食物，因为它不仅易消化，而且有着极为丰富的营养，能提供给小儿身体发育所需要的各种营养素。

食品多样化

每种食物有其特定的营养构成，因此，只有各种食物都品尝，才能保证机体摄入足够的营养。不仅如此，每天总吃同样的食物，还会引起孩子厌食，从而导致某些营养不足。所以，我们说，孩子的食品要多样化。在主食上，除了吃米面外，还要补充一些豆类、薯类、小米等。在副食方面，可适当吃些豆制品、肉类、鱼虾、动物内脏及各种绿叶蔬菜等。如此，不仅可以增加孩子的食欲，而且可以保证其生长发育所需要的各种营养。

避免吃刺激性强的食物

刚断奶的孩子，在味觉上还不能适应刺激性的食品，其消化道对刺激性强的食物也很难适应，因此，小儿不宜吃辛、香、麻、辣等食物，调味品也应杜绝。

良好的卫生习惯对于刚断乳的小儿来说也是极其重要的。母乳是卫生无菌的，且母乳中又有使机体免受侵害的免疫性物质。断乳的小儿则失去了这些有利的条件。因此，对于断乳的孩子来讲，我们要注意其食物及器具的卫生，要让孩子使用消毒的碗筷，自己有单独的餐具等。另外，也要培养孩子自己良好的卫生习惯，饭前便后要洗手等。

第二节　10～12 个月的宝宝断奶食谱

火腿土豆泥

准备食材：

火腿肉、土豆、黄油。

制作方法：

步骤 1：取鸡蛋大小的土豆一块煮烂，去皮、碾碎。

步骤 2：取一大片火腿肉（市场上袋装的），将硬皮、肥肉、筋去掉，把余下的火腿肉切碎；

步骤 3：把土豆泥、碎火腿拌在一起，加入一小块黄油；

步骤 4：吃时上锅蒸 5 分钟。

健康提示：

火腿各种营养成分易被人体所吸收，具有养胃生津的作用，而且火腿内含丰富的蛋白质和适度的脂肪，还有十多种氨基酸、多种维生素和矿物质。土豆营养丰富，内含丰富的赖氨酸和色氨酸，这是一般粮食所不可比的，还富含钾、锌、铁等。黄油又名白脱油，维生素A极丰富。

葡萄干土豆泥

准备食材：

葡萄干、土豆、蜂蜜。

制作方法：

步骤1：取鸡蛋大小的土豆一块煮烂，去皮，碾碎。

步骤2：取20多粒质量好的葡萄干拌匀煮成糊状，加入适量蜂蜜。

步骤3：吃时上锅蒸5分钟。

健康提示：

葡萄干含铁极为丰富，是婴幼儿和体弱贫血者的滋补佳品。葡萄干还能改善直肠的健康，因为葡萄干含有纤维和酒石酸，能让排泄物快速通过直肠，减少污物在肠中停留的时间。土豆营养丰富，内含丰富的赖氨酸和色氨酸，这是一般粮食所不可比的，还富含钾、锌、铁等。蜂蜜是一种天然食品，味道甜蜜，所含的单糖，不需要经消化就可以被人体吸收，蜂蜜还具有杀菌的作用。

花豆腐

此菜含有丰富的蛋白质、脂肪、碳水化合物及维生素B_1、维生素B_2、维生素C和钙、磷、铁等矿物质。豆腐柔软，易被消化吸收，能参与人体组织构造，促进婴儿生长，是老少皆宜的高营养食品。鸡蛋黄含丰富的铁和卵磷脂，对提高婴儿血色素和健脑极为有益。

准备食材：

豆腐 50 克，青菜叶 10 克，熟鸡蛋黄 1 个，淀粉 10 克，精盐、葱姜水各少许。

制作方法：

步骤 1：将豆腐煮一下，放入碗内研碎；青菜叶洗净，用开水烫一下，切碎后也放在碗内，加入淀粉、精盐、葱姜水搅拌均匀。

步骤 2：将豆腐泥做成方块形，再把蛋黄研碎撒一层在豆腐泥表面，放入蒸锅内用中火蒸 10 分钟即可喂食。

步骤 3：菜口味不宜过咸，以利婴儿食用。

健康提示：

这道菜形色美观，柔软可口，含有丰富的蛋白质、脂肪、碳水化合物及维生素 B_1、B_2、C 和钙、磷、铁等矿物质。

水果藕粉粥

藕粉是一种杭州特产小吃，成分为莲藕粉、糖桂花等，近年来为满足市场需要，也有无糖藕粉。市面出售有袋装和纸盒装，多为 15～20 克一小袋，浅色颗粒状，需 250～300 毫升沸水冲泡后搅拌成半透明状食用，入口香滑。

准备食材：

水果（苹果 1/4、香蕉半根、猕猴桃半个，任选一种），藕粉。

制作方法：

步骤 1：将水果（苹果1/4、香蕉半根、猕猴桃半个，任选一种）切碎。

步骤 2：用奶瓶盖做量器，按一瓶盖水加半瓶盖藕粉计算。

步骤 3：用中火将调好的藕粉煮熟，起锅前放入水果，稍煮即可。

健康提示：

水果的营养成分和营养价值与蔬菜相似，是人体维生素和无机盐的重要来源之一，各种水果普遍含有较多的糖类和维生素，而且还含有多种具有生物活性的特殊物质，因而具有较高的营养价值和保健功能。藕粉除含淀粉、葡萄糖、蛋白质外，还含有钙、铁、磷及多种维生素，中医认为藕能补五脏和脾胃，益血补气。

海鲜蛋饼

准备食材：

鱼或大虾、鸡蛋。

制作方法：

步骤 1：将一小块鱼去骨或将 1 个大虾去皮，剁成泥状。

步骤 2：将一个鸡蛋打匀，根据宝宝食量用之。

步骤 3：将一小块葱头剁碎。

步骤 4：将以上原料拌在一起备用。

步骤 5：用一平底锅，放上黄油，把上述备用料摊成一个小小圆饼，抹上番茄沙司即可。

健康提示：

海洋生物富含易于消化的蛋白质和氨基酸，食物蛋白的营养价值主要取决于氨基酸的组成，而海洋中鱼、虾、贝、蟹等生物蛋白质含量丰富和人体所必需的9种氨基酸含量充足，海洋生物中也含有独特的不饱和脂肪酸。鸡蛋含丰富的优质蛋白，而且鸡蛋中蛋氨酸含量特别丰富。

肝肉泥

准备食材：

猪肝或牛肝、鸡肝40克，瘦猪肉40克，盐少许。

制作方法：

步骤1：将肝和猪肉洗净，去筋，放在砧板上，用不锈钢汤匙按同一方向以均衡的力量刮，制成肝泥、肉泥。

步骤2：将肝泥和肉泥放入碗内，加入少许冷水和少许盐搅匀，上笼蒸熟即可食用。

步骤3：肝泥和肉泥也可以放在粥中同米一起煮熟，适合大一些的孩子食用。

健康提示：

动物肝脏营养丰富，尤其含铁质多，有利于改善贫血。7个月以上的宝宝已经有了消化动物肝脏的能力，所以可以给宝宝吃。每次1小汤匙，一天喂两次，每天最多不超过2汤匙。如果宝宝营养不良，吃上十几天，可以得到好转。

猪骨胡萝卜泥

准备食材：

胡萝卜、猪骨各200克，醋适量。

制作方法：

步骤1：猪骨洗净，与胡萝卜同煮，并滴2滴醋进去。

步骤2：待汤汁浓厚胡萝卜酥烂时捞出猪骨和杂质，用勺子将胡萝卜碾碎即可。

健康提示：

胡萝卜富含维生素A、维生素B_1、维生素B_2、花青素、钙、铁等营养成分，而维生素A是骨骼正常生长发育的必需物质，有助于细胞增殖与生长，是机体生长的要素。

鸡汁土豆泥

准备食材：

土鸡一只、土豆 1/4 个、姜适量。

制作方法：

步骤 1：将土鸡洗净斩块，入沸水中焯一下，慢火熬汤，取部分汤汁冷冻。

步骤 2：土豆洗净去皮上锅蒸熟，取出研成泥。

步骤 3：取鸡汤 2 勺，加入少许盐，稍煮，浇到土豆泥中即可。

健康提示：

土豆营养丰富，内含丰富的赖氨酸和色氨酸，这是一般粮食所不可比的，还富含钾、锌、铁等。

鱼泥豆腐苋菜粥

准备食材：

熟鱼肉 30 克，盒装嫩豆腐半块，苋菜嫩叶 3 片，米粥 3 大匙，高汤、熟植物油适量。

制作方法：

步骤1：豆腐切细丁，苋菜取嫩芽用开水烫后切碎。

步骤2：熟鱼肉放入研磨器中压碎成泥（不能有鱼刺）。

步骤3：在米粥中加入鱼肉泥、高汤（鱼汤）煮至熟烂。

步骤4：加入豆腐、苋菜泥及熬熟的植物油，煮烂后加少量食盐混匀即可。

健康提示：

鱼肉中含动物蛋白和钙、磷及维生素A、D、B_1、B_2等重要物质，豆腐的蛋白质含量亦非常丰富，苋菜含有铁、钙和维生素K，可以促进凝血，增加血红蛋白含量并提高携氧能力，促进造血等功能。

菠菜蛋黄粥

准备食材：

1个蛋黄、菠菜、米饭、油。

制作方法：

步骤1：将菠菜洗净，开水烫后切成小段，放入锅中，加少量水熬煮成糊状备用。

步骤2：将1个蛋黄、软米饭、高汤（猪肉汤）放入锅内先煮烂成粥。

步骤3：将菠菜糊、熬熟植物油加入蛋黄粥即成。

健康提示：

菠菜含有大量的B胡萝卜素，也是维生素B_6、叶酸、铁质和钾质的极佳来源。鸡蛋含丰富的优质蛋白，还有其他重要的微营养素，婴儿食用蛋类，可以补充奶类中铁的匮乏。

胡萝卜泥青菜肉末菜粥

准备食材：

胡萝卜、青菜、蒸熟肉末、粥、适量高汤、熬熟植物油。

制作方法：

步骤1：将胡萝卜、青菜煮熟制作成泥。

步骤2：锅内放入肉末、粥、高汤（猪肉汤），再加入胡萝卜泥、青菜泥，小火炖开。

步骤3：加入熬熟的植物油和少量盐煮开即成。

健康提示：

胡萝卜能提供丰富的维生素A，能增强人体免疫力，它的芳香气味是挥发油造成的，能增进消化，并有杀菌作用。青菜含有维生素C、维生素B和胡萝卜素，并含有较多的叶酸及胆碱，无机盐的含量较丰富，尤其是铁和镁的含量较高。

虾仁豆腐豌豆泥粥

准备食材：

熟虾仁、嫩豆腐、鲜豌豆、厚粥、适量高汤、熬熟植物油。

制作方法：

步骤1：熟虾仁剁碎备用；嫩豆腐用清水清洗剁碎，鲜豌豆加水煮熟压成泥备用。

步骤2：将厚粥、熟虾仁、嫩豆腐丁、鲜豌豆泥及高汤放入锅内，小火烧开煮烂后，加入熬熟的植物油和少量盐即成。

菠菜土豆肉末粥

准备食材：

菠菜、土豆、蒸熟肉末、适量高汤、熬熟植物油。

制作方法：

步骤1：菠菜洗净开水烫过后剁碎，土豆蒸熟压成泥备用。

步骤2：将厚粥、熟肉末、菠菜泥、土豆泥及适量高汤放入锅内，小火烧开煮烂。

步骤3：加入熬熟的植物油和少量盐即成。

鱼泥青菜蕃茄粥

准备食材：

熟鱼肉、青菜心、番茄、米粥、适量高汤、熬熟植物油。

制作方法：

步骤 1：河鱼蒸熟，鱼肉去刺压成泥。

步骤 2：青菜心洗净后在开水中氽熟，用刀剁碎备用。

步骤 3：番茄开水烫后去皮去籽，用刀剁碎，将番茄先加入备好的高汤内煮烂熟。

步骤 4：再加入米粥，鱼泥、菜心泥用小火炖开，加入熬熟的植物油和少量盐即成。

健康提示：

鱼不仅营养丰富，而且美味可口。鱼是人类食品中动物蛋白质的重要来源之一，鱼含动物蛋白和钙、磷及维生素 A、D、B_1、B_2 等重要物质，鱼肉中蛋白质含量丰富，其中所含必需氨基酸的量和比值最适合人体需要。青菜含有维生素 C、维生素 B 和胡萝卜素，并含有较多的叶酸及胆碱，无机盐的含量较丰富，尤其是铁和镁的含量较高。番茄含有丰富的胡萝卜素、维生素 B 和 C，尤其是维生素 P 的含量居蔬菜之冠。

西红柿土豆鸡末粥

准备食材：

鸡胸脯肉末、西红柿、土豆，软饭、适量高汤、熬熟植物油。

制作方法：

步骤1：取一只土豆洗净后入锅加水煮熟，去皮，切成小丁。西红柿洗净后用开水烫一下，切成小块。

步骤2：起油锅，将葱、姜片入油锅煎香后捞出，然后放入新鲜鸡胸脯肉末，煸熟后推向锅的一侧，然后在锅中放入西红柿丁，煸炒至熟，再把两者混合一块。

步骤3：将鸡末、西红柿、土豆丁和软饭一起放入锅内，用文火煮5～10分钟，加少许酱油和盐，待粥香外溢则成。

健康提示：

这是一款营养搭配全面的辅食，你可以变换成其他肉类或蔬菜，但是要注意色彩变化，随月龄增加你还可以增加食物的硬度和颗粒，来锻炼宝宝的咀嚼吞咽能力。

贝母粥

准备食材：

川贝母 10 克、稻米 50 克、冰糖 8 克。

制作方法：

步骤 1：将贝母去心研为末，备用。

步骤 2：用白米煮粥，煮至米开汤稠时，加入贝母粉，冰糖，改文火稍煮片刻即成。

健康提示：

大米具有很高的营养功效，是补充营养素的基础食物；大米可提供丰富的 B 族维生素；大米具有补中益气、健脾养胃、聪耳明目、止烦、止渴、止泻的功效。

贝母总生物碱及非生物碱部分，均有镇咳作用。

芝麻粥

准备食材：

黑芝麻 30 克、大米 30 克、糯米 20 克。

制作方法：

步骤 1：黑芝麻放入烤箱内烤熟后用碾钵碾碎，待用。

步骤 2：锅中放适量清水，放入大米、糯米共同煮粥。

步骤 3：粥将成时放入碾好的黑芝麻，再煮 2～3 分钟，加白糖调味，即可。

健康提示：

煮粥时放入适量的糯米能够使煮好的粥更糯，口感更好，但糯米较难消化，而宝宝的胃肠道功能尚弱，故在煮此粥的时候糯米不要放得太多。

第三节　10～12个月的宝宝推荐食谱

肉松饭卷

准备食材：

猪肉松、软饭适量。

制作方法：

步骤1：把肉松铺成长方形，压实。

步骤2：在肉松上铺上一层软饭，小心卷起，但不要把饭卷得太大。

健康提示：

肉松的加工中，不仅浓缩了产能营养素，也浓缩了不少矿物质。例如猪瘦肉当中本来就含有一定量的铁，经过浓缩使肉松中的铁含量高出猪瘦肉两倍多，因此是不错的补铁及部分矿物质的食品。在肉加工成肉松的过程中，除了加热破坏了部分B族维生素外，其他营养素几乎没有损失。炒制工序赶走了大量水分，而水分降低却浓缩了营养素。因此，肉松中蛋白质、脂肪含量都高于猪瘦肉。由于加工过程中还加入了白糖，使得原本瘦肉中含量很低的碳水化合物也增加了许多。

不过需要注意的是，猪瘦肉本身就含有一定量的钠离子，而大量的酱油又带来了相当数量的钠离子，因此饮食中需要限制食盐的朋友要少吃点。有些肉松还加入了大量脂肪，味道更加香美，但是所带来的能量也增加了不少。肉松热量都远高于瘦肉，属于高能食品，吃的量和频率都要有所控制。

肉汤煮饺子

准备食材：

小饺子皮6个，鸡肉或其他肉末1大匙，切碎的青菜1大匙，鸡蛋1小匙，鸡汤或肉汤、芹菜末少许。

制作方法：

步骤1：将肉末放容器内研碎，将青菜和鸡蛋混合均匀，且肉末和混合好的青菜做馅包饺子。

步骤2：把包好的饺子放入汤内上火煮。

步骤3：煮熟后撒入少许芹菜末，并倒入少许酱油，使其具有淡淡的咸味。

健康提示：

此饺汤鲜味美，皮软馅鲜，含有丰富的蛋白质、碳水化合物、钙、磷、铁、锌及维生素A、B_1、B_2、C、D、E等，营养十分全面。

蛋饺

准备食材：

鸡蛋1个，鸡肉末1大匙，青菜末1大匙，盐、植物油少许。

制作方法：

步骤1：将平底锅内放少许植物油，油热后，把鸡肉末和青菜末放入锅内炒，并放入少许盐，炒熟后倒出。

步骤2：将鸡蛋调匀，平底锅内放少许油，将鸡蛋倒入摊成圆片状，待鸡蛋半熟时，将炒好的鸡肉倒在鸡蛋片的一侧，将另一侧折叠重合，即成蛋饺。

健康提示：

鸡蛋含有丰富的蛋白质、脂肪、维生素和铁、钙、钾等人体所需要的矿物质，其蛋白质是自然界最优良的蛋白质，对肝脏组织损伤有修复作用；同时富含DHA和卵磷脂、卵黄素，对神经系统和身体发育有利，能健脑益智，改善记忆力，并促进肝细胞再生。

浇汁丸子

准备食材：

肉末2大匙，藕末1大匙，肉汤半小碗，酱油、植物油、淀粉少许。

制作方法：

步骤1：把肉末和藕末混合，并放入少许酱油、植物油、淀粉，调和

均匀，做成数个小丸子。

步骤 2：锅内放油待油热后，将丸子依次放入，用微火炸至焦黄色。

步骤 3：锅内放肉汤，并放入少许酱油，待汤开后，用淀粉勾芡，然后浇在炸好的丸子上。

健康提示：

该菜富含蛋白及各种矿物质，其中的藕含有多种营养及天冬碱、蛋白氨基酸、胡芦巴碱、干酪基酸、蔗糖、葡萄糖，以及丰富的钙、磷、铁及多种维生素，可为宝宝补充多种营养。

摊肉饼

准备食材：

肉末 2 大匙，熟土豆泥 1 大匙，西红柿 1 片，芹菜末、盐、植物油少许。

制作方法：

步骤 1：将肉末与土豆泥混合，并放入少许盐及植物油，调和均匀，做成一个肉饼。

步骤 2：平底锅内放植物油，油热后将肉饼放入，用微火煎至两面成黄色，放入盘中，将西红柿及芹菜末放在上面即可。

健康提示：

猪肉是日常生活的主要副食品，含有丰富的蛋白质及脂肪、碳水化合物、钙、磷、铁等成分。

土豆含丰富的维生素 A、B_1、B_2、钙、铁、磷，是热量低、营养高的根茎食物，可预防口角炎、维生素 C 缺乏症，增加体力。特别是土豆中的维生素 C，耐热性强，经烹调也不易流失。

青菜肉饼

准备食材：

肉末 2 大匙，青菜末 2 大匙，酒、糖、酱油、植物油少许。

制作方法：

将肉末放入锅内，加 2 小匙水，放火上用微火煮熟时加入少许酱油、糖、酒调匀；锅内放植物油，油热后肉末倒入，炒片刻后，将青菜末倒入一起炒，炒熟即可。

健康提示：

青菜含丰富的维 A、C、B_1 和 B_2，是脑细胞代谢的最佳供给者之一。它还含有大量叶绿素，也具有健脑益智作用。对人体的发育、抵抗疾病、促进智力都是有好处的，建议宝宝多吃，会越吃越聪明的。

蒸鱼丸

准备食材：

鱼茸 2 大匙，胡萝卜、扁豆各 1 大匙，肉汤、酱油、淀粉、蛋清少许。

制作方法：

步骤 1：将鱼茸加入淀粉和蛋清搅拌均匀并做成鱼丸子。

步骤 2：把鱼丸子放在容器中蒸。

步骤 3：将胡萝卜切成小方块，扁豆切成细丝，放入肉汤中，加少许酱油煮。

步骤 4：将菜煮熟后加入淀粉勾芡，浇在蒸熟的鱼丸子上。

健康提示：

鱼类所含的 DHA，在人体内主要是存在脑部、视网膜和神经中。DHA 可维持视网膜的正常功能，婴儿尤其需要此种养分，促进视力健全发展；DHA 也对人脑发育及智能发展有极大的帮助，亦是神经系统成长不可或缺的养份。

鱼类的蛋白质含量约 15％～24％，所以鱼肉是很好的蛋白质来源，而且这些蛋白质吸收率很高，约有 87％～98％都会被人体吸收。鱼类的脂肪含量比畜肉少很多，而且鱼类含有很特别的 ω-3 系列脂肪酸。

肉汤焖鱼

准备食材：

小鱼 1/2 条，葱头、西红柿各 1 大匙，扁豆 2～3 根，肉汤、植物油、盐、面粉少许。

制作方法：

步骤 1：把小鱼切成小块，涂上薄薄的一层面粉，在平底锅内放植物油，烧热后把鱼放入煎好备用。

步骤 2：把切碎的蔬菜放入锅内炒，并加入肉汤，再把煎好的鱼放入锅内一起煮，熟时加入少许盐，使其具有淡淡的咸味。

健康提示：

肉汤含有丰富的蛋白质、碳水化合物、钙、磷、铁、锌及维生素 A、B_1、B_2、C、D、E 等，鱼身含有较多不饱和脂肪酸及其他多种维生素，微量元素，营养十分全面。

太阳豆腐

准备食材：

豆腐 1/6 块，鸡蛋 1 个，盐、香油少许。

制作方法：

步骤 1：将豆腐在开水中焯后，去除水分，研碎。

步骤 2：鸡蛋的蛋清、蛋黄分开，将蛋清与碎豆腐混合后加入少量水，向一个方向反复搅拌，加入少许盐，将整个蛋黄放在中间，上锅蒸约 7～8 分钟，再滴上几滴香油即可。

健康提示：

豆腐含有丰富的植物蛋白和宝宝成长所必须的多种微量元素和矿物质，鸡蛋含有丰富的卵磷脂，适宜宝宝食用。

什锦豆腐糊

准备食材：

南豆腐、胡萝卜、青菜、肉末、鸡蛋、清汤。

制作方法：

步骤 1：胡萝卜煮熟切碎。

步骤 2：将豆腐放在开水中焯一下，去掉水份切成碎块。

步骤 3：将肉末放在锅中，加清汤，再捻碎豆腐和蔬菜末放入锅中，用文火煮至收汤为止。将调匀的鸡蛋倒入并不断搅拌，使整个菜成糊状即可。

拌茄泥

准备食材：

茄子 350 克、香油 5 克、芝麻酱 10 克、精盐 7 克、香菜、韭菜、蒜泥各少许。

制作方法：

步骤 1：将茄子削去蒂托，去皮，切成 0.3 厘米厚的片，放入碗中，上笼蒸 25 分钟。出笼后略放凉。

步骤 2：将蒸过的茄子去掉水、加入香油、精盐、芝麻酱、香菜、韭菜、蒜泥拌匀即成。

健康提示：

茄子（紫皮、长）：茄子是为数不多的紫色蔬菜，也是餐桌上十分常见的家常蔬菜，它的紫皮中含有丰富的维生素 E 和维生素 P，这是其他蔬菜所不能比的。茄子中还含有丰富的维生素 C。

豆腐软饭

准备食材：

大米 400 克，豆腐 250 克，青菜 250 克，炖肉汤（炖鱼汤、炖鸡汤、炖排骨汤均可）。

制作方法：

步骤 1：大米淘洗干净，放入小盆内加入清水，上笼蒸成软饭待用。

步骤 2：青菜择洗干净切末，豆腐放入开水中煮一下，切末。

步骤 3：米饭放锅内，加肉汤一起煮，煮软后加豆腐、青菜末稍煮即可。

健康提示：

豆腐中含有优质蛋白和钙，有利于宝宝的骨骼发育。

枣泥软饭

准备食材：

枣泥 1 勺、米 2 勺、水 1/2 杯。

制作方法：

步骤 1：将米洗净后放入焖饭锅。

步骤 2：加水、牛奶后焖熟。

步骤 3：开锅后放枣泥。

健康提示：

红枣中所含的糖类、脂肪、蛋白质是保护肝脏的营养剂。它能促进肝脏合成蛋白，增加血清红蛋白与白蛋白含量，调整白蛋白与球蛋白比例。

什锦烩饭

准备食材：

小牛肉4勺（20克），胡萝卜1/8根，土豆1/6个，青豆4粒，牛肉汤1杯，米2勺，盐少许，熟鸡蛋黄1个。

制作方法：

步骤1：将小牛肉切碎；将胡萝卜，土豆削皮切碎。

步骤2：将米、碎牛肉、胡萝卜、土豆、肉汤、青豆、盐放入焖饭锅。

步骤3：焖熟后，加熟鸡蛋黄搅拌即可。

健康提示：

牛肉含有丰富的蛋白质，氨基酸组成比猪肉更接近人体需要，能提高机体抗病能力，丰富的铁和锌，对发育中的宝宝来说是非常重要的营养来源。而牛肉中的蛋白质和锌、铁，对脑部神经和智力发展，是重要的营养。

土豆含有丰富的维生素A、B_1、B_2、钙、铁、磷，是热量低、营养高的根茎食物，可预防口角炎、维生素C缺乏症，增强体力。

胡萝卜富含糖类、脂肪、挥发油、胡萝卜素、维生素A、维生素B_1、维生素B_2、花青素、钙、铁等营养成分。

酱汁面条

准备食材：

龙须面12根，水1杯，葱末少许，盐200毫克，香油1滴，熟肉末1勺，肉汤3勺，豌豆尖少许。

制作方法：

步骤1：将花生油烧热，放入葱末炒香。

步骤2：加几滴酱油后立即加水煮。

步骤3：水开后下入细面条煮软。

步骤4：最后再加几滴酱油调味。

健康提示：

面的形成属于物理处理，比如，麦子经过研磨成了白面，这个过程是物理变化，没有经过高温和添加任何人工合成添加剂，比较绿色、健康。面粉富含蛋白质、碳水化合物、维生素和钙、铁、磷、钾、镁等矿物质，有养心益肾、健脾厚肠、除热止渴的功效。

鸡丝面片

准备食材：

鸡肉4勺，水1杯，面片2片，油菜心1棵，姜1片，盐200毫克。

制作方法：

步骤1：将鸡肉切成片加姜、水煮烂。

步骤2：捞出后用手将鸡肉片撕成丝，放回鸡汤锅。

步骤3：将面片下入鸡汤继续煮。

步骤 4：将油菜心洗净切碎放入鸡汤煮，最后加盐。

健康提示：

鸡肉和牛肉、猪肉相比，其蛋白质的质量较高，脂肪含量较低。此外，鸡肉蛋白质中富含全部必需氨基酸，其含量与蛋、乳中的氨基酸谱式极为相似，因此为优质的蛋白质来源。

土豆饼

准备食材：

土豆 500 克，糕粉 80 克，猪肉猪肝泥 100 克，香油 5 毫升。

制作方法：

步骤 1：土豆洗净去皮煮熟，压成土豆泥。

步骤 2：加入 30 克糕粉和香油抓匀成团。

步骤 3：猪肉猪肝泥加入 50 克糕粉拌匀。

步骤 4：土豆泥取 40 克为一剂揉成球状。

步骤 5：将一个土豆泥球压成圆片，放入适量猪肉猪肝泥，收口包紧。

步骤 6：将土豆球压成圆饼状，洒上巧克力针即可。

健康提示：

土豆煮熟后压成泥，最好过筛，这样成品更细腻柔软，适宜婴儿食用。糕粉做法：糯米粉上锅蒸熟即为糕粉。

南瓜饼

准备食材：

南瓜、糯米粉、白砂糖。

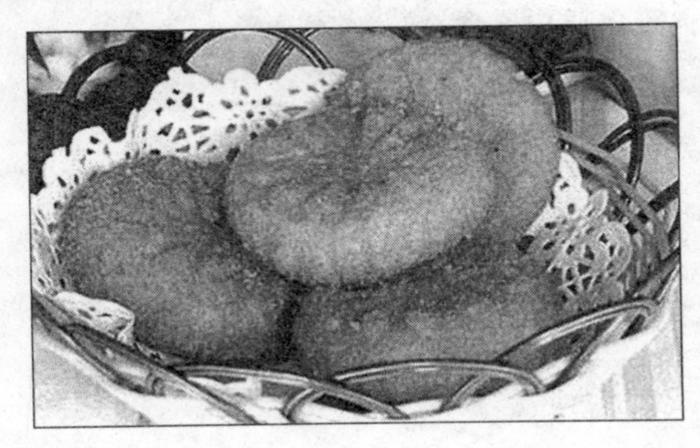

制作方法：

步骤1：将南瓜去皮切片放在微波炉蒸笼里，高火10分钟蒸熟。

步骤2：蒸熟的南瓜趁热用勺子压成南瓜泥，并拌入适量白糖。

步骤3：准备适量的糯米粉和白砂糖。

步骤4：将南瓜泥和糯米粉以1∶1左右的比例，一点一点加入糯米粉。

步骤5：如果面团太干可加少量清水，直到和成南瓜面团，不沾手即可。

步骤6：把面团分成若干小块，揉圆。

步骤7：把面团压扁，用心形模具压刻出心形。

步骤8：平底锅放少许油，将南瓜饼煎至两面金黄即可。

鱼泥饼

准备食材：

鱼泥，面粉，葱末，油、香菜少许，樱桃西红柿。

制作方法：

步骤 1：将鱼泥、面粉、水、葱末搅拌成糊状。

步骤 2：锅内放油，加热后用大勺舀糊摊成小饼。

步骤 3：将小饼放入盘内。

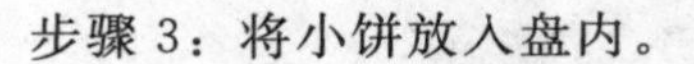

步骤 4：最后加香菜，樱桃西红柿点缀。

健康提示：

鱼肉中含有优质蛋白和不饱和脂肪酸，有助于宝宝的大脑发育。

肉末饼

准备食材：

肉末，面粉，葱末、油适量。

制作方法：

步骤 1：将肉末、面粉、水、葱末搅拌均匀成糊状。

步骤 2：锅内放入油烧热后，将一大勺肉糊倒入小煎饼锅内。

步骤 3：慢慢转动，煎成小饼，注意要使用中小火。

健康提示：

猪肉含有优质蛋白和丰富的铁，有预防贫血的作用。

葱花饼

准备食材：

面粉2勺，水2勺，葱末1/2勺，盐200毫克，油适量。

制作方法：

步骤1：将面粉、水、葱末、盐加在一起搅成糊状。

步骤2：把适量的油倒入煎饼锅加热。

步骤3：舀一勺面糊倒入，将饼锅顺时针摇，使饼摊成圆形。

步骤4：饼熟后放入盘中，用黄瓜片点缀。

健康提示：

农历正月生长出来的葱，由于气层和土壤的关系，葱不再只是香料而是特殊的补品。它可以帮助身体功能的恢复，怕冷的宝宝，可以多吃一些正月的葱，可以充分补充热量。

面粉富含蛋白质、碳水化合物、维生素和钙、铁、磷、钾、镁等矿物质。

鸡蛋饼

准备食材：

鸡蛋 1 个，火腿肠半根，面粉 100 克，油 10 毫升，盐适量。

制作方法：

步骤 1：鸡蛋打散，火腿肠切丁。

步骤 2：将火腿肠丁加入鸡蛋液中。然后加入适量的面粉、盐搅拌。

步骤 3：加入适量的温开水，水要一点点地加，搅拌成面糊，面糊的稀稠程度用筷子来量一下，面糊在筷子上成溜状最好。

步骤 4：电饼铛预热后，涂上一层油，倒入面糊，盖上盖，加热一分钟后，翻面。

健康提示：

鸡蛋含有丰富的蛋白质、脂肪、维生素和铁、钙、钾等人体所需要的矿物质，其蛋白质是自然界最优良的蛋白质，同时富含 DHA 和卵磷脂、卵黄素，对神经系统和身体发育有利，能健脑益智。

肉馅饼

准备食材：

肉末 1 勺，盐 200 毫克，葱末 1 勺，鸡蛋 1 个，油适量，香菜末少许。

制作方法：

步骤1：将肉末、盐、葱末调和成肉馅炒熟。

步骤2：将鸡蛋搅打成糊。

步骤3：饼锅内加油适量加热，倒入鸡蛋糊，转动饼锅摊成蛋饼。

步骤4：把肉馅放入蛋饼中，将蛋饼两边盖在馅上。

步骤5：把熟肉馅饼放在盘中，在饼上撒上香菜末。

甜发糕

准备食材：

鸡蛋1个，面粉、玉米面各少许，蜡纸1张，白糖、牛奶、发酵粉各适量。

制作方法：

步骤1：将鸡蛋打散，边打散边加白糖，直至蛋液发白起泡，再将面粉、玉米面、发酵粉、牛奶一起加入搅拌均匀，做成柔软面坯。

步骤2：在蒸笼中铺一张蜡纸，将搅拌好的面坯铺在蜡纸上，放入蒸锅用大火蒸30分钟，取出晾凉后切块装盘即可。

健康提示：

发糕膨松饱满，富有弹性，清香甜润，味美可口而且含蛋白质、碳水化合物、维生素和钙、铁、磷、钾、镁等矿物质，可作为宝宝早餐或零食。

水果发糕

准备食材：

鸡蛋 1 个、白糖 1/2 勺、面粉 2 勺、牛奶 1 勺、发粉少许、蜡纸 1 张、葡萄干 2 粒、水果 1 小块。

制作方法：

步骤 1：将鸡蛋用力打泡，边打边加糖。

步骤 2：再加入面粉、发粉、牛奶搅拌均匀。

步骤 3：将葡萄干、水果切成小碎块。

步骤 4：在蒸锅内铺一张蜡纸。

步骤 5：将原料倒在蜡纸上，再撒上葡萄干和水果碎块。

步骤 6：上汽后大火蒸 30 分钟。

健康提示：

鸡蛋含有丰富的蛋白质、脂肪、维生素和铁、钙、钾等人体所需要的矿物质。

面粉富含蛋白质、碳水化合物、维生素和钙、铁、磷、钾、镁等矿物质，有养心益肾、健脾厚肠的功效。

牛奶中含有丰富的蛋白质、维生素及钙、钾、镁等矿物质，可使宝宝皮肤白皙，富有光泽；也可以补充丰富的钙质，适合严重缺钙的宝宝。

白玉土豆凉糕

准备食材：

小土豆 1 个，蛋清 1 个，面粉 1 勺，发粉少许，白糖 1/2 勺，蜡纸 1 张。

制作方法：

步骤 1：将土豆削皮切成薄片，用清水浸泡几分钟。

步骤 2：将洗净的土豆片放入蒸笼，蒸半小时后制成土豆泥。

步骤 3：将面粉装盘上屉蒸 30 分钟，凉后擀成细粉。

步骤 4：取蛋清加糖、熟面粉、发粉、土豆泥搅拌均匀。

步骤 5：在小笼屉内铺一张蜡纸。

步骤 6：将原料倒入笼屉，蒸 15 分钟。

玲珑馒头

准备食材：

面粉2勺、发粉少许、牛奶1勺。

制作方法：

步骤1：将面粉、发粉、牛奶和在一起揉匀，放入冰箱15分钟取出。

步骤2：将面团切成3份，揉成小馒头。

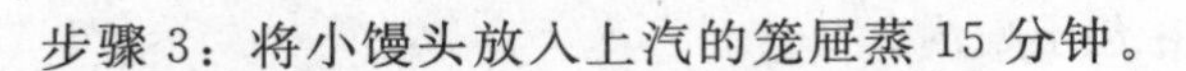

步骤3：将小馒头放入上汽的笼屉蒸15分钟。

健康提示：

馒头有利于消化，也是为宝宝提供能量的主要食物之一。

小肉松卷

准备食材：

面粉2勺、牛奶1勺、发粉少许、肉松1勺。

制作方法：

步骤1：将面粉、发粉、牛奶揉匀成面团。

步骤2：将面团分成3份，压扁，卷上肉松。

步骤3：上笼屉蒸熟。

小笼包子

准备食材：

面粉2勺、水1勺、发粉少许、肉馅1勺、葱末1/2勺、盐少许。

制作方法：

步骤1：将肉馅、葱末、盐调和均匀。

步骤2：将面粉、水、盐和在一起揉匀。

步骤3：把面团分成3份，擀成包子皮。

步骤4：将肉馅包在包子皮内。

步骤5：上屉将包子蒸熟。

健康提示：

小笼包含有蛋白质、脂肪、碳水化合物，还能提供肉食中所含的L-肉碱，来帮助脂肪代谢，为肌肉增添动力。

鲜肉馄饨

准备食材：

猪瘦肉100克、馄饨皮20张、鸡蛋1个，盐、葱末、肉汤、紫菜各适量。

制作方法：

步骤1：猪瘦肉洗净，切末；紫菜洗净，撕碎；鸡蛋打散成蛋液，将肉末、盐、葱末加蛋液，搅拌成肉馅。

步骤2：将肉馅分成20等分，分别包在馄饨皮内，成20个馄饨生坯。

步骤 3：锅置火上，加适量肉汤煮沸后，放入馄饨生坯，中火煮，煮至沸腾后转小火，撒上紫菜，略煮1～2分钟，加盐调味即可。

健康提示：

给宝宝做馄饨要包得小点，并且尽量煮得熟烂一些，这样利于消化。

鲜虾摊饼

准备食材：

新鲜立虾两斤、洋葱半个、韭菜一小捆、鸡蛋 2 个、面粉适量，胡椒粉、盐、食油适量。

制作方法：

步骤 1：将虾仁剥好去沙线后，用料酒腌一小会儿，这是为了去掉腥味。

步骤 2：将腌好的虾仁切成小丁。

步骤 3：将洋葱、韭菜切成碎末。

步骤4：和面，适量面粉（根据人口情况决定份量，随意），鸡蛋两个，加清水和成面糊。如果想要饼有韧性、有嚼头，那就和得稠一些，如果想要细嫩的口感，那就和稀一些。

步骤5：和好面糊后，将前面准备好的洋葱末、韭菜末、虾仁碎丁一起放进去搅拌均匀，同时加入适量胡椒粉、盐调味。

步骤6：锅里放适量植物油，倒入面糊，轻轻转动煎锅使面糊厚薄均匀，这样饼熟的程度才能基本一致，不会形成边上都糊了，中间还是生的。

步骤7：煎成两面金黄色就可以出锅了！

健康提示：

宝宝除了日常的正餐外，妈妈们还可以给宝宝添加一些辅食，让宝宝多方面吸收营养，这款摊饼就是很不错的选择！

什锦细面

准备食材：

鱼肉、猪肝各25克，胡萝卜、菠菜适量，细面半碗，食盐少许。

制作方法：

步骤1：鱼肉、猪肝剁碎成泥。

步骤2：胡萝卜蒸熟压成泥，菠菜洗净剁碎。

步骤3：将以上材料加入细面煮烂即可。

健康提示：

什锦细面含有多种营养素，特别是提供了丰富的维生素A。

面包布丁

准备食材：

全麦面包 15 克，儿童牛奶 125 毫升，鸡蛋 1 只，白糖、色拉油各适量。

制作方法：

步骤 1：将鸡蛋去壳，搅散。将面包切丁，与牛奶、白糖混匀。

步骤 2：取碗 1 只，内涂色拉油，放入上述各味，入屉蒸 10 分钟即成。

健康提示：

本品富含蛋白质、脂肪、碳水化合物、维生素 A、D、B、E 及钙、磷、铁、锌等，能为宝宝补充多种营养。

肉末软饭

准备食材：

大米 400 克，茄子 500 克，葱头 100 克，芹菜 50 克，瘦猪肉末 150 克，植物油 50 克，酱油 60 克，精盐 10 克，葱、姜末少许。

制作方法：

步骤 1：将米淘洗干净，放入小盆内，加入清水，上笼蒸成软饭待用。

步骤 2：将茄子、葱头、芹菜择洗干净，均切成末。

步骤 3：将油倒入锅内，下入肉末炒散，加入葱姜末、酱油搅炒均匀，加入茄子末、葱头末，芹菜末煸炒断生，加少许水、精盐，放入软米饭，混合后，尝好口，稍焖一下出锅即成。

健康提示：

猪肉末为人类提供优质蛋白质和必需的脂肪酸，供血红素（有机铁）和促进铁吸收的半胱氨酸，能改善缺铁性贫血。

胡萝卜鸡蛋青菜饼

准备食材：

胡萝卜、干面粉、青菜心、土鸡蛋、小葱、盐、油。

制作方法：

步骤 1：把胡萝卜切成小块加点凉白开水榨成胡萝卜汁；青菜心剁碎。

步骤 2：准备点干面粉，把胡萝卜汁倒入干面粉中搅拌均匀，若感觉有点干就再加点水搅成糊糊状，加入剁碎的青菜心，打入一个土鸡蛋，放点盐和小葱，搅拌均匀。

步骤 3：锅里放一点油转动一下锅，小火等锅烧热倒一部分面浆进去，转动锅让面浆摊开，然后反个面煎下就好了。

健康提示：

胡萝卜鸡蛋青菜饼可以马上干吃，配点粥也可以，还可以用骨头汤煮着吃，红红绿绿的很漂亮。在这款宝宝食谱中，胡萝卜和菜心可以给宝宝补充维生素，鸡蛋可以补充蛋白质，都是对宝宝很有益处的食物！

蔬菜鸡蛋羹

准备食材：

蛋黄1/2个，胡萝卜1/8个，菠菜1棵，洋葱1/8个，盐若干。

制作方法：

步骤1：将蛋黄用筷子搅匀。

步骤2：将菠菜、胡萝卜、洋葱切好，放在开水里煮烂，过滤后再煮。

步骤3：把蛋黄放入煮沸的蔬菜汤里，用盐调味。

健康提示：

叶菜类蔬菜，特别是深色、绿色蔬菜，如菠菜、韭菜、芹菜等营养价值最高。主要含有维生素C、维生素B和胡萝卜素，并含有较多的叶酸及胆碱，无机盐的含量较丰富，尤其是铁和镁的含量较高。

鸡蛋含丰富的优质蛋白，每百克鸡蛋含12.7克蛋白质，两只鸡蛋所含的蛋白质大致相当于3两鱼或瘦肉的蛋白质。鸡蛋蛋白质的消化率在牛奶、猪肉、牛肉和大米中也最高。鸡蛋中蛋氨酸含量特别丰富，而谷类和豆类都缺乏这种人体必需的氨基酸，所以，将鸡蛋与谷类或豆类食品混合食用，能提高后两者的生物利用率。鸡蛋每百克含脂肪11.6克，大多集中在蛋黄中，以不饱和脂肪酸为多，脂肪呈乳融状，易被人体吸收。鸡蛋还有其他重要的微营养素，如钾、钠、镁、磷，特别是蛋黄中的铁质每100克中就达到7毫克。婴儿食用蛋类，可以补充奶类中铁的匮乏。蛋中的磷很丰富，但钙相对不足，所以，将奶类与鸡蛋共同喂养婴儿就可营养互补。鸡蛋中维生素 A、B_2、B_6、D、E 及生物素的含量也很丰富，特别是蛋黄中，维生素 A、D 和 E 与脂肪溶解容易被机体吸收利用。不过，鸡蛋中维生素 C 的含量比较少，应注意与富含维生素 C 的食品配合食用。

奶酪蔬菜鳕鱼

准备食材：

宝宝奶酪一块、胡萝卜 1/2 个、西兰花几朵、番茄 1/2 个、鳕鱼块二块。

制作方法：

步骤 1：鳕雪块从超市里买中腹，就一根刺。把皮去掉，取二块鱼肉，上蒸锅蒸十分钟。蒸熟后，把刺去除，剩鱼肉备用。

步骤 2：胡萝卜切成片，放水里煮二十分钟。用刀切碎，备用。

步骤 3：西兰花煮熟，切碎备用。番茄去皮，切碎备用。

步骤 4：热锅放油。切少许葱花，先放胡萝卜、西兰花、番茄、再放奶酪、鳕鱼。在一起翻炒出香味后，就可以关火出锅了。鳕鱼本身是海鱼，就是咸的，所以在炒的过程中就不要放盐了。

健康提示：

鳕鱼肉质厚实，鱼刺较少。鳕鱼鱼脂中含有球蛋白、白蛋白及磷的核蛋白，还含有儿童发育所必需的各种氨基酸，其比值和儿童的需要量非常相近，又容易被人消化吸收，还含有不饱和脂肪酸和钙、磷、铁、B 族维生素等。

猪肝丸子

准备食材：

猪肝 15 克，面包粉 15 克，葱头 15 克，鸡蛋液 15 克，西红柿 15 克，色拉油 15 克，番茄酱少许，淀粉 8 克。

制作方法：

步骤 1：将猪肝剁成泥，葱头切碎同放一碗内，加入面包粉，鸡蛋液，淀粉拌匀成馅。

步骤 2：将炒锅置火上，放油烧热，把肝泥馅挤成丸子，下入锅内煎熟；将切碎的西红柿和番茄酱下入锅内炒至呈半糊状，倒在丸子上即可喂食。

健康提示：

猪肝含有丰富的铁、磷，它是造血不可缺少的原料，猪肝中富含蛋白质、卵磷脂和微量元素，有利于儿童的智力发育和身体发育。猪肝中含有丰富的维生素 A、蛋白质、铁、脂肪及维生素等营养物质，有利于宝宝视力发育及生长发育。

鸡肉番茄羹

准备食材：

鸡肉 50 克，洋葱 1/8 个，胡萝卜 1/10 个，番茄汤 100 克，黄油 1 小匙，盐若干。

制作方法：

步骤 1：将胡萝卜和洋葱切成碎块，放入鸡肉加水同煮。

步骤 2：煮好后将鸡肉捞出，同倒入番茄汤。

步骤 3：捞出的鸡肉撕成细丝重新放入步骤 2 中。

步骤 4：加盐、黄油调味。

健康提示：

番茄是营养丰富的食物。据营养学家测定，一个中等大小的番茄含有半个柚子的维生素 C；其维生素 A 的含量则是宝宝每日所需的 1/3；此外还含有钾、磷、镁及钙等微量元素。

鸡肉蛋白质的含量比例较高，且种类较多，消化率也高，很容易被儿童吸收利用，有增强体力、强壮身体的作用。

鸡肉含有对人体生长发育有重要作用的磷脂类，是中国人膳食结构中脂肪和磷脂的重要来源之一。

奶味蔬菜火腿

准备食材：

火腿肠 20 克，肉汤 1/2 杯，卷心菜叶 1/2 片，牛奶 3 大匙，洋葱、盐若干。

制作方法：

步骤 1：将火腿、卷心菜叶、洋葱切好，加入肉汤煮制。

步骤 2：肉汤煮至一半时加入牛奶继续煮。

步骤 3：煮至黏稠之后用盐调味。

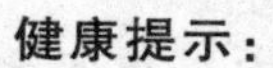

火腿：含丰富的蛋白质和适度的脂肪，十多种氨基酸、多种维生素和矿物质；火腿制作经冬历夏，经过发酵分解，各种营养成分更易被人体所吸收。

苹果杏仁豆腐羹

准备食材：

豆腐 50 克，杏仁 8 粒，苹果 1/3 个，冬菇 1 个，淀粉适量。

制作方法：

步骤 1：将豆腐切成小块，在水中泡一下后捞出。

步骤 2：冬菇洗净，泡软后打碎制成蓉，与豆腐一起煮熟煮烂，用淀粉勾芡，制成豆腐羹。

步骤 3：杏仁洗净去皮，苹果洗净去皮切成块，把杏仁和苹果一起打成碎末，搅拌成蓉。

步骤 4：豆腐羹冷却后，加杏仁、苹果蓉，拌匀即成。

蔬菜鸡肉粥

准备食材：

江米、鸡肉、洋葱、胡萝卜、蘑菇。

制作方法：

步骤1：洗净江米，泡在水里。

步骤2：收拾鸡肉，用水煮烂。汤留着做粥用。肉撕成小块。

步骤3：将洋葱、胡萝卜、蘑菇等蔬菜切成小丁。

步骤4：将泡好的江米、切好的蔬菜放入汤中，加热，不时搅拌。

步骤5：加入撕好的鸡肉，小火加热，最后用盐调味。

水果麦片粥

准备食材：

麦片3大匙，牛奶1大匙，切碎的水果1大匙（可用切碎的香蕉加蜂蜜，也可以用水果罐头做）。

制作方法：

步骤1：把麦片放入锅内，加入牛奶后用微火煮2～3分钟。

步骤 2：煮至黏稠状，停火后加切碎的水果。

健康提示：

果香味浓，含有婴儿发育所需的蛋白质、脂肪、碳水化合物、钙、磷、铁、锌和维生素 A、维生素 B_1、维生素 B_2、维生素 C 及尼克酸等多种营养素。

红枣小米粥

准备食材：

红枣 10 个，小米 30 克。

制作方法：

先将小米清洗后上锅用小火炒成略黄，然后加入水及红枣用大火烧开后小火熬成粥食用。

健康提示：

适用于消化不良伴有厌食的脾虚小儿。

红枣一定要去核（因为红枣核燥火，有些人不适应），所以说如果单纯吃枣肉是不会燥火的。

除含有丰富的营养成分外，小米中色氨酸含量为谷类之首，色氨酸有调节睡眠的作用。

五彩疙瘩汤

准备食材：

小虾仁 4～5 个，鸡蛋一个，西红柿一个，豆腐、火腿、青菜、面粉适量。

制作方法：

步骤1：虾仁洗净，剁碎；西红柿稍烫，去皮，剁碎（1/2个即可）；豆腐、火腿、青菜切丁。

步骤2：加入虾仁、豆腐、火腿、西红柿略炒；要炒出红色（西红柿的汤）。

步骤3：炒锅放适量油，烧热。

步骤4：锅内加水；面粉放碗内，加冷水，边加边用筷子搅拌成小颗粒。

步骤5：水开后把面疙瘩一点点拨入锅中。

步骤6：2分钟左右（如果面疙瘩不大，一般开锅即可），打入鸡蛋，用筷子划散；如果吃整蛋就不要搅拌。

步骤7：撒入青菜、加盐，滴几滴香油，起锅。

南瓜牛奶汤

准备食材：

南瓜1/2个，鲜奶2杯，高汤1杯，欧芹末少许，盐1小匙，胡椒少许。

制作方法：

步骤 1：把南瓜蒸熟，加入高汤打成泥状。

步骤 2：加入鲜奶用汤锅慢慢煮滚，加入调味料煮匀后即可起锅。

步骤 3：撒上一点欧芹末，或淋上鲜奶油即可食用。

步骤 4：加入鲜奶的食物很容烧焦，要小心火候；此外，南瓜是淀粉质很高的食物，所以不必再加入任何粉类增加浓度就会有浓稠感了。

丝瓜虾皮猪肝汤

准备食材：

丝瓜 250 克，虾皮 30 克，猪肝 50 克，葱花、姜丝各适量，食油少许。

制作方法：

步骤 1：将丝瓜去外棱，洗净，剥两半，切成段，再去瓜瓤，猪肝洗净切片，虾皮用水浸泡。

步骤 2：起油锅，入姜丝、葱花炒香，再入猪肝，略炒。

步骤 3：倒入虾皮和适量清水，烧沸后投入丝瓜，再煮炖 3～5 分钟即成。

健康提示：

虾皮中含钙丰富，每百克中含量高达 2000 毫克，猪肝含丰富的维生素 D，可促进钙的吸收，丝瓜性凉而有通络作用，合用可起到通络行血、补钙强骨之功效，对小儿缺钙形成的四肢软有治疗作用，可防治佝偻病。牙齿的发育对宝宝也非常有利。

胡萝卜瘦肉泥粥

准备食材：

大米（最好用东北大米）50 克、猪瘦肉馅 30 克、胡萝卜 30 克、水 500 克。

制作方法：

步骤 1：将大米用搅拌机打干粉的工具打成米碎。

步骤 2：在锅中放入清水烧开，清水和米的比例可以根据口味调整。

步骤 3：在开水中加入米碎，用勺子搅拌防止粘锅；在肉馅中加入等量的水搅匀，胡萝卜切成细末。

步骤 4：将稀释过的肉馅和胡萝卜末放入粥中一起煮开，转小火将粥熬至粘稠即可。

健康提示：

玉米纤维含量高，营养丰富，可防治宝宝便秘。胡萝卜能提供丰富的维生素 A，可防止呼吸道感染，促进宝宝的视力发育正常。

第四章

宝宝要聪明，健脑是关键

（1~3岁宝宝食谱）

第一节　1～3 岁的宝宝吃什么最强壮

让宝宝身体强壮的食物

最好的主食：全麦食品。全麦食品含有铁、维生素、镁、锌和粗纤维素等多种宝宝所需的营养成分。在西方国家，全麦面粉被称作最棒的主食原料，很多家庭把烤全麦面包作为宝宝的主食，如果在上面抹一些宝宝专用的奶酪，营养就更丰富了。虽然各国的饮食习惯不同，但营养是无国界的。我们可以把粗粮和面粉混合制作主食（比如发糕），同样能给宝宝带来丰富的营养。

最好的水果：猕猴桃。猕猴桃被称为营养的金矿，它含有丰富的维生素 C，据分析，每百克猕猴桃果肉的维生素 C 含量是 100～420 毫克，堪称水果中的“VC 之王”，此外，它还含有较丰富的蛋白质、糖、脂肪和钙、磷、铁等矿物质，而且它含有的膳食纤维和丰富的抗氧化物质，能够起到清热降火、润燥通便的作用。但要注意，猕猴桃中间带籽的部分尽量不要给宝宝多吃，因为这部分不容易被消化。

最好的蔬菜：菠菜。菠菜为宝宝提供的主要营养成分是维生素 A 和叶酸，另外还有一些维生素 C 和铁。因为它没有杂味，宝宝通常都很喜欢吃。而且菠菜的用处很多，你可以把它作为盘边的装饰，也可以在它上面放一些番茄酱，还可以用它代替生菜放在宝宝的三明治里。但是要记住，不能把它和豆腐一起吃，否则会影响钙的吸收。

最好的早餐：谷物。即使从超市买来的宝宝谷物早餐，也同样非常健康，它里面含有多种维生素和矿物质。但是，在购买时要选择宝宝专用的，含盐低的。自己家制作的小米粥、玉米粥也很有营养。需要注意的是，需要把谷物早餐配合牛奶一起吃时，牛奶的选择很重要，2 岁以内的宝宝最好不要用脱脂牛奶，1 岁以内的宝宝最好用母乳或配方奶。

最好的快餐：比萨。和其他的快餐食品相比，比萨里混合了蛋白质（干酪）、糖分和蔬菜（西红柿丁）等多种营养，更适合宝宝食用，而且做起来很简单，只要在烤箱里烤几分钟就可以了。

最好的坚果：杏仁。杏仁有很多让人意想不到的营养效果：它不仅可以预防心脏疾病，而且含有维生素 E 和其他的微量元素，比如铁、钙和镁等对宝宝的健康都非常有益。另外，未加工过的生杏仁是一种低脂食物，宝宝吃了，可以预防高血压。但是要记住，3 岁以下的宝宝最好不要给他整个的杏仁，否则容易卡住宝宝的气管。杏仁还有很多吃法，比如把它和蔬菜、奶酪放在一起做个比萨，或者直接给宝宝准备一些杏仁干碎块。

最好的肉类：瘦牛肉。瘦牛肉里含有丰富的铁和蛋白质，能为活泼好动、正在长身体的宝宝补充血细胞所需要的营养。很多医生都建议在 10 月以上的宝宝的辅食里加一些瘦牛肉，牛肉的吃法很多，可以给宝宝做成牛肉汉堡包、牛肉小包子、牛肉酱细面条等。

最好的甜点：酸奶。酸奶是钙的主要来源之一，而且它的热量很低，很适合宝宝。如果你自己制作酸奶，最好用配方奶做原料，这样不仅营养丰富，宝宝也比较容易消化。吃酸奶的时候在里面加一小勺自己做的果酱，味道会更好。

最好的果汁：橙汁。橙汁含有丰富的维生素和叶酸，而且孩子们都很喜欢它酸酸甜甜的味道。但是，橙汁不能和牛奶或其他含钙量比较高的果汁混合，这样很容易形成沉淀，宝宝不容易消化。而且每天宝宝喝橙汁的量要有一定的限度，大约30～50毫升比较合适，过多的橙汁会增加宝宝摄入的热量。

最好的沙拉原料：西红柿。无论从外观还是味道，西红柿都是大多数宝宝的挚爱。西红柿的主要成分是番茄红素，它是一种有助于预防癌症和心脏病的天然抗氧化剂。另外，西红柿中还含有丰富的维生素C和大量的纤维素，这些成分能够帮助宝宝预防感冒，防止便秘。如果宝宝不喜欢吃单调的西红柿，可以把它切成小丁或薄片，伴上沙拉酱做成美味的沙拉，宝宝就会爱吃了。或者直接压成番茄汁，鲜艳的颜色再配上一个可爱的杯子，连大人都会被它吸引的。另外，不要以为生的西红柿更有营养，其实煮熟的西红柿中的番茄红素更容易被吸收。

那么，想要宝宝身体强壮，饮食方案是怎样的呢？

让宝宝身体强壮的饮食方案

主食与零食不可偏颇。宝宝一般在周岁左右断奶，此时主食固然很重要，但零食也不可忽视，一味乱给或一点不给都不是明智之举。美国一份调查资料显示，孩子从零食中获得的热量达到总热量的20%，获取维生素与矿物质占总摄取量的15%，零食是孩子所需热量与养分的重要补充。不过，要注意零食的品种选择以及量的掌握与安排。例如，上午给予少量高热量食品如小块蛋糕或2～3块饼干，下午吃少量水果，晚餐后不给零食，但可在睡前喝一杯牛奶。

贵食与残食不分彼此。不少父母习惯于用价格的高低来衡量食品的贵贱，以为价格越贵的食物对宝宝越是有益，其实，价格普通的奶、蛋、肉、豆类、果蔬及粮食才是儿童生长发育所必需的。研究表明，奶、蛋所含蛋白质的氨基酸组成与人类细胞组织的氨基酸很接近，消化吸收利用率高。肉食则含有丰富的铁、锌等微量元素，其营养价值远远超过价格昂贵的奶油蛋糕。总之，选择食物主要遵循是否为小儿所必需和能否被充分吸收利用的原则来定，与价格无直接联系。

水果与蔬菜结合完美。有些家长认为水果营养优于蔬菜，加之水果口感好，孩子更喜于接受，因而轻蔬重果，甚至用水果代替蔬菜。其实，水果与蔬菜各有所长，营养差异甚大。总的来说，蔬菜比起水果来对宝宝的发育更为重要。拿苹果与青菜相比较，前者的含钙量只有后者的1/8，铁质只有1/10，胡萝卜素仅有1/25，而这些养分均是孩子生长发育（包括智力发育）不可缺少的“黄金物质”。当然，水果也有蔬菜所没有的保健优势，故两者应兼顾，互相补充，不可偏颇，更不能互相取代。

软食与硬食兼施。年轻的父母常常担心宝宝乳牙的承受能力，总是限制或避开硬食，但医学专家告诉我们：婴儿出生后几个月，其颌骨与牙龈就已发育到一定程度，足以咀嚼半固体甚至固体食物。乳牙萌出后，更应吃些富含纤维，有一定硬度的食物，如水果、饼干等，以增加宝宝的咀嚼频率，通过咀嚼动作牵动面肌及眼肌的运动，加速血液循环，促进牙弓、颌骨与面骨的发育，既健脑又美容。

荤食与素食双管齐下。通常人们把动物性食物称为荤食，荤食虽然营养丰富，口感也好，但脂肪含量高，故应予以限制，不能多吃。家长在给宝宝配餐时，可做到肉、菜各半，荤素搭配。如做成肉末菠菜、冬瓜肉丸等。

进食与饮水并驾齐驱。重视进食，忽视饮水是不少家长存在的又一喂养误区。水是构成人体组织细胞和体液的重要成分，一切生理与代谢活动，包括食物的消化，养分的运送、吸收到废物的排泄，无一能离开水。年龄越小，对水的需求相对越多。因此在每餐之间，应给孩子一定量的水喝。给水时注意不要给孩子茶水、咖啡、可乐等，而以白开水、矿泉水为宜。

食物与情绪适时调整。食物影响着儿童的精神发育，不健康情绪和行为的产生与食物结构的不合理有着相当密切的关系。如吃甜食过多者易动、爱哭、好发脾气；饮果汁过多者易怒甚至好打架；吃盐过多者反应迟钝、贪睡；缺乏某种维生素者易孤僻、抑郁、表情淡漠；缺钙者手脚易抽动、夜间磨牙；缺锌者易精神涣散、注意力不集中；缺铁者记忆力差、思维迟钝；等等。

想要宝宝身体强壮，科学的饮食是不能少的哦。

第二节　1～3岁的宝宝补脑益智食谱

什锦蛋丝

准备食材：

鸡蛋2个、青椒50克、干香菇5克、胡萝卜50克，植物油、盐、水淀粉、香油各适量。

制作方法：

步骤1：先将蛋清、蛋黄分别打入两个盛器内，打散后加入少许水淀粉搅匀。

步骤2：将蛋清、蛋黄分别放入涂油的方盘中，入锅隔水蒸熟。

步骤3：将蒸熟的蛋清、蛋黄取出后冷却，分别切成蛋白丝和蛋黄丝。

步骤4：干香菇用温水浸泡变软，切丝；青椒洗净，去蒂及子，切丝；胡萝卜洗净，切成丝。

步骤5：炒锅中加油，放入胡萝卜丝、香菇丝和青椒丝煸炒至熟，放入蛋白丝和蛋黄丝，加入盐翻炒均匀，淋入香油即可。

步骤6：鸡蛋含有丰富的组氨酸、卵磷脂、脑磷脂，都是大脑和神经发育不可缺少的营养素；胡萝卜、香菇中的维生素和微量元素丰富；青椒中维生素 C 丰富，有利于铁和锌的吸收。

肉末番茄豆腐

准备食材：

南豆腐 100 克、瘦肉末 10 克、番茄酱 10 克及蒜泥、葱、盐、淀粉、油适量。

制作方法：

步骤 1：豆腐切小丁，焯一下。

步骤 2：炒锅加油炒肉末。

步骤 3：炒锅加底油炒葱、蒜和番茄酱。

步骤 4：下入肉末和豆腐、调味，略炖一炖，勾芡。

健康提示：

豆腐含有丰富的蛋白质，其中谷氨酸含量丰富，它是大脑赖以活动的重要物质，宝宝常吃有益于大脑发育。

苹果沙拉

准备食材：

苹果 20 克，甜橘 2 瓣，酸奶酪 15 克，葡萄干 5 克。

制作方法：

步骤 1：先将苹果洗净，甜橘去皮、去籽，把苹果及甜橘一起切碎。

步骤2：将葡萄干洗净，水泡软后切碎。

步骤3：将切碎的苹果、甜橘及葡萄干一起与酸奶酪拌匀即成。

健康提示：

苹果酸甜可口，营养丰富，含有多种维生素、无机盐和糖类等大脑所必需的营养成分，且含有丰富的锌。

奶蓉番茄

准备食材：

西红柿500克，豆腐100克，罐头鲜蘑50克，儿童牛奶150克，黄豆芽50克，精盐、姜汁、淀粉、味精、香油、熟花生油少许。

制作方法：

步骤1：将西红柿洗净，去皮，顶端划一圆口，用小汤匙将籽瓤挖净，洞口向下放盘中控水。

步骤2：豆腐放筛罗内擦滤过放碗内，加精盐、姜汁、味精、鲜牛奶，调拌和匀。

步骤3：鲜蘑切成米粒状放另一碗内，取3/4的豆腐拌和成馅。

步骤4：将西红柿翻转过来，洞口向上撒入少许干淀粉，填入豆腐馅，再放入和匀的豆腐用小刀拓圆平，如此逐一做完，放盘内，上笼蒸4分钟出笼。

步骤 5：炒锅刷净放中火上，放入鲜汤、牛奶、精盐、味精，用湿淀粉调稀勾芡，淋入香油和熟花生油浇匀在西红柿上即可出锅。

健康提示：

此菜红白相映，色泽艳丽，鲜嫩软滑，营养丰富，含有丰富的蛋白质、钙、磷、铁、胡萝卜、维生素等营养成分。

鱼头冬瓜煲粥

准备食材：

鱼头一个，冬瓜少许，姜片一片，黄酒少许，盐，大米（泡 2～3 小时）。

制作方法：

步骤 1：将鱼头去鳃洗净，用上等黄酒去腥。

步骤 2：铁锅烧热加入油，把鱼头过一下油，然后放入另一锅烧沸的水中，加入姜、冬瓜熬到汤发白。

步骤 3：最后加入大米，慢火熬至大米发黏为止。

健康提示：

鱼肉和冬瓜都是软食物，适合正在长牙齿的宝宝食用，而且以熬汤的方式较容易利用鱼和冬瓜的营养，宝宝吸收好。

孜然鱿鱼丝

准备食材：

鱿鱼、洋葱、青辣椒、葱、辣椒面、孜然粉、甜面酱、鸡精。

制作方法：

步骤 1：鱿鱼收拾干净，切丝备用，洋葱半个，切丝备用，青辣椒 1 个，切圈备用，葱切段备用。

步骤 2：煮锅内烧适量热水，把切好的鱿鱼丝倒入，大概 3～5 秒，盛出备用。

步骤 3：炒锅内加入适量植物油，烧热后加入葱段爆锅，倒入鱿鱼丝、洋葱丝、青椒圈翻炒均匀，加入甜面酱，翻炒均匀。

步骤 4：翻炒均匀后加入孜然粉和辣椒粉煸炒一下，加入鸡精即可出锅食用。

豆腐蒸鲑鱼

准备食材：

豆腐 500 克，鲑鱼 300 克，葱 1 根，红辣椒 1 个，A 组调味料：酱油 30 克，料酒 15 克，白糖，鸡精适量；B 组调味料：色拉油 30 克，香油 5 克。

制作方法：

步骤 1：葱、红辣椒洗干净后切丝，放入碗中泡水，2 分钟后取出，沥干。

步骤 2：鲑鱼洗干净，去骨，切成大片，豆腐切片，均匀排入盘中。

步骤 3：加入调味料 A 组，在蒸锅中放入 3 大碗水，把豆腐片和鲑鱼片移入锅中以大火蒸约 5 分钟至熟，撒上葱丝和辣椒丝。

步骤 4：锅中放入调味料 B 组烧热，淋入盘中即可。

健康提示：

豆腐中含有丰富的大豆卵磷脂，有益于神经，血管，大脑的生长发育。鲑鱼是一种流行的食品，亦是一种甚为健康的食品。鲑鱼肉含有高蛋白质及 OMEGA-3 脂肪酸，但脂肪含量却较低。极丰富的多元不饱和脂肪酸，含量居所有的鱼类之首。可帮助脑部发育，特别是能提升记忆力和注意力。

煎小鱼饼

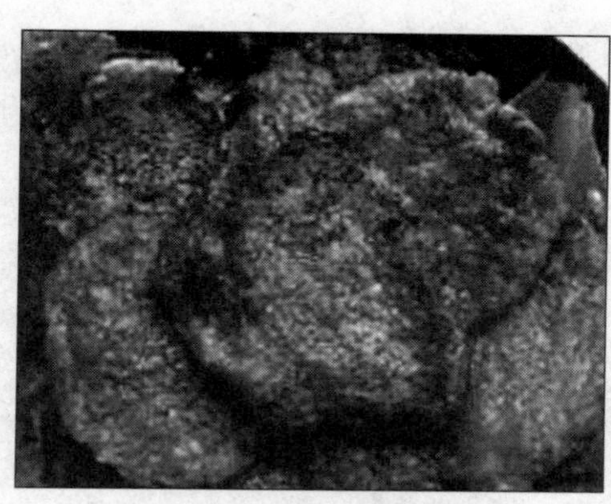

准备食材：

鱼肉 50 克、鸡蛋 1 个、牛奶 50 克、洋葱少许及油、盐、淀粉等。

制作方法：

步骤 1：先把鱼肉去骨刺剁成泥，洋葱切末。

步骤 2：把鱼泥加洋葱末、淀粉、奶、蛋、盐搅成糊状有黏性的鱼馅。

步骤 3：平底锅置火上烧热、加油，将鱼馅制成小圆饼放入锅里煎熟。

健康提示：

煎小鱼饼含有足够的蛋白质、丰富的脂肪、铁、钙、磷、锌及维生素A，这些营养成分都是益智健脑的上好营养。

核桃腰果露

准备食材：

核桃仁 100 克，腰果仁 50 克，适量淀粉和白糖。

制作方法：

步骤 1：先把核桃仁放在沸水中浸泡，然后去皮，取出后与腰果仁一起炒热并碾成末。

步骤 2：锅里的清水烧开后，把核桃仁末、腰果仁和白糖放入，然后搅拌均匀。

步骤 3：再将水淀粉慢慢倒进锅里，搅拌即成。

健康提示：

核桃腰果露吃起来香甜可口，鲜香滑爽，能给宝宝的大脑提供丰富的营养。

核桃鸡丁

准备食材：

鸡胸肉、核桃仁、枸杞子、西兰花。

制作方法：

步骤 1：将准备好的鸡胸肉去皮，然后切成丁。

步骤 2：将鸡肉丁中加少许料酒、盐，拌匀后腌 15 分钟左右。

步骤 3：核桃仁用温油炸酥，放凉。

步骤 4：准备好的西兰花洗净后，用开水烫过，然后用凉水冲凉。

步骤 5：锅中放油，将西兰花炒熟备用。

步骤 6：炒锅内加少量油，将腌制后的鸡胸肉炒熟，拌入核桃仁。

步骤 7：将之前炒熟的西兰花，进行摆盘，放置在盘子周围。

健康提示：

在上面的这个食谱中，荤素搭配，健康营养，是给宝宝补脑、让宝宝长身体的好选择。

蛋皮寿司

准备食材：

鸡蛋、米饭、西红柿、胡萝卜、洋葱、油、盐等。

制作方法：

先调蛋皮一张，并把蔬菜切碎末；在炒锅中加油炒胡萝卜和洋葱末，而后加入米饭和西红柿，用精盐调味；平铺蛋皮，将炒好的米饭摊在上面，仔细卷好，切小段。

健康提示：

牛奶中含有丰富的蛋白质、维生素及钙、钾、镁等矿物质，也可补充丰富的钙质，适合严重缺钙的宝贝。

番茄富含维生素A、C、B_1、B_2以及胡萝卜素和钙、磷、钾、镁、铁、锌、铜和碘等多种元素，还含有蛋白质、糖类、有机酸、纤维素。

红烧野兔肉

准备食材：

野兔肉250克、香菇、木耳、葱、姜、味精、酱油、料酒、大料、精盐少许。

制作方法：

先将兔肉切成块，再在锅内放入少许植物油，烧热后将兔肉放入，翻炒至变色，同时放一些酱油及少许料酒、大料，加入清水微火慢炖；炖熟后加香菇、木耳、姜、葱、味精、盐即成。

健康提示：

野兔肉含有大量脂质。这些脂质大部分是大脑必需的多不饱和脂肪酸，还含有大量的钙质，可为大脑发育提供必需的营养。并且，味道鲜美，容易被宝宝喜欢。

碎果仁麦片粥

准备食材：

麦片 50 克、杏仁、核桃、腰果、花生各 4 颗。

制作方法：

步骤 1：将杏仁、核桃、腰果、花生洗净后放入烤箱内烤熟。

步骤 2：用粉碎机将烤熟的果仁打成碎末。

步骤 3：麦片加水煮熟，加入打碎的果仁和少量糖拌匀即可。

健康提示：

核桃仁、腰果等干果含有较多的蛋白质及人体营养必需的不饱和脂肪酸，这些成分皆为大脑组织细胞代谢的重要物质，能滋养脑细胞，具有健脑功能，是宝宝理想的益智食品。

莲藕苹果排骨汤

准备食材：

苹果、排骨、莲藕。

制作方法：

步骤 1：新鲜的排骨和莲藕洗净切成小块。

步骤 2：加冷水、姜、葱、大料、少量的醋，用高压锅煮 30～40 分钟。

步骤 3：放入切好的苹果煲几分钟，即可食用。

健康提示：

肉、苹果、骨头和汤一起吃，既可补充优质蛋白质，同时也可补充钙、磷等矿物质和维生素，增强免疫力，益智健脑。

肉香紫菜蛋卷

准备食材：

肉泥 250 克，鸡蛋 5 个，紫菜若干，盐、淀粉若干。

制作方法：

步骤 1：加少许盐腌制肉半小时；将鸡蛋打散，加少许盐调味，淀粉用料酒溶解，倒入蛋液中搅匀。

步骤 2：平底锅倒油，等四五分热时倒入蛋液，尽量铺平铺薄，凝固后取出。

步骤 3：把蛋皮用刀修整一下，上面铺一层紫菜，再把腌好的肉泥铺上，然后轻轻卷起，最边的地方抹些水淀粉卷成长桶状。

步骤 4：取一张锡纸，把蛋皮卷包好放入锅内蒸 15 分钟；取出后拿掉锡纸，切片装盘即可。

健康提示：

鸡蛋中含优质蛋白质、卵磷脂、钙、硒等，营养成分较为全面均衡，易于消化吸收。紫菜含有丰富的多种维生素、胆碱、碘、EPA 和 DHA 等，是宝宝理想的健脑食物。

菠菜洋葱牛奶羹

准备食材：

菠菜、洋葱、牛奶适量。

制作方法：

步骤 1：将菠菜清洗干净，放入开水中氽烫至软时后捞出。

步骤 2：拧去水分，选择叶尖部分仔细切碎，磨成泥状；洋葱洗净切剁成泥。

步骤 3：将菠菜泥与洋葱泥、清水 20 毫升一同放入小锅中用小火煮至黏稠状。

步骤 4：出锅前加入牛奶略煮即可。

健康提示：

菠菜：菠菜中含有大量的β胡萝卜素和铁，也是维生素 B_6、叶酸、铁和钾的极佳来源。

洋葱：洋葱的营养极其丰富，特别是它的特殊功效更是成为食物原料中的佼佼者。洋葱能发散风寒、抵御流感、强效杀菌、增进食欲、促进消化，能预防感冒；并且还可治疗宝宝消化不良、食欲不振及食积内停。

牛奶：牛奶中含有丰富的蛋白质、维生素及钙、钾、镁等矿物质，还可补充丰富的钙质。

第三节　1～3 岁的宝宝推荐食谱

胡萝卜炒肉丝

准备食材：

瘦猪肉 500 克，胡萝卜 1 公斤，香菜 50 克，炒菜用油 80 克，滑肉用油 1 公斤（实耗 45 克），香油 10 克，酱油 50 克，料酒 5 克，醋 10 克，味精 5 克，精盐 15 克，水淀粉 50 克。

制作方法：

步骤 1：将胡萝卜洗净，切成细丝，香菜洗净，切段待用。

步骤 2：将瘦猪肉剔去筋，切成细丝，放入盆内，加入水淀粉 50 克、精盐 5 克上浆，用热锅温油滑开捞出。

步骤 3：将炒料菜油放入锅内，热后下入葱姜末炝锅，投入胡萝卜丝煸炒断生，加入肉丝搅拌均匀，再加入酱油、精盐、醋、料酒、炒热后加入味精、香油、香菜、搅匀出锅即成。

健康提示：

因是幼儿菜肴，在刀工上切得要细，丝切得不要过长。炒菜不能太脆，口味不宜过重。

鲜肉土豆泥

准备食材：

土豆泥200克，洋葱末50克，猪瘦肉、牛奶各100克，面粉10克，高汤100毫升，料酒、盐、植物油各少许。

制作方法：

步骤1：猪瘦肉切成豆粒大小，用少量油划好锅，加料酒煸炒至熟备用。

步骤2：洋葱末用少量油煸炒几下，加面粉炒至淡黄色，再加高汤、一半牛奶、盐拌成糊状，加肉粒拌匀，制成鲜肉沙司。

步骤3：土豆泥用油炒酥，加另一半牛奶、盐调匀，然后混入鲜肉沙司即可。

海带丝炒肉丝

准备食材：

肥瘦猪肉500克，水发海带1公斤，炒菜油60克，酱油50克，精盐8克，白糖5克，葱、姜末各3克，水淀粉75克。

制作方法：

步骤1：将海带洗净，切成细丝，放入锅中蒸15分钟，视海带软烂后，取出待用。

步骤 2：将肥瘦适度的猪肉用清水洗净，切成肉丝。

步骤 3：将油放入锅内，热后下入肉丝，用猛火煸炒 1～2 分钟，加入葱姜末、酱油搅拌均匀，投入海带丝、清水（以漫过海带为度）、精盐，再以猛火炒 1～2 分钟，勾芡出锅即成。

木瓜菠萝奶

准备食材：

木瓜果肉、菠萝果肉各 100 克，牛奶 150 毫升，白糖少许。

制作方法：

步骤 1：将木瓜果肉、菠萝果肉均切成小块。

步骤 2：将木瓜块、菠萝块和牛奶、白糖一起放入搅拌机中搅打均匀，过滤取汁即可。

烂糊肉丝

准备食材：

瘦猪肉 50 克，白菜 100 克，虾皮 3 克，植物油 200 克，高汤 75 克，水淀粉 15 克，精盐、味精、酱油、料酒适量。

制作方法：

步骤 1：将白菜切成菜丝，待用。

步骤 2：将猪肉切成细丝，放入盆内，加入水淀粉 5 克、精盐 0.5 克上浆，用热锅温油滑开捞出。

步骤 3：将油烧热后，下入白菜丝、虾皮煸炒，放入精盐，加入高汤焖透。再将滑过的肉丝放入拌匀，加入料酒、精盐、味精，淋入水淀粉搅成糊状，推搅几下即成。

蛋黄炒南瓜

准备食材：

南瓜，咸蛋黄 5 颗，料酒，盐，糖，鸡精，酱油。

制作方法：

步骤 1：把咸蛋黄切碎，南瓜去皮切块。

步骤 2：先把南瓜放油锅

里炸软后捞起。

步骤 3：放入蛋黄待起泡泡了就放入南瓜一起炒。

步骤 4：放调料，收汁就可以出锅了。

韭菜梗炒肉丝

准备食材：

肥瘦猪肉 500 克，韭菜梗 1 公斤，炒菜油 100 克，花椒油 30 克，酱油 120 克，精盐 15 克，料酒 5 克，葱、姜末少许。

制作方法：

步骤 1：将猪肉洗净，切成细丝，韭菜梗切成 2 厘米长的段待用。

步骤 2：将油放入锅内，热后，下入肉丝煸炒变色，加入葱姜末、酱油、料酒、精盐，搅拌韭菜梗同炒几下，淋入花椒油、味精即成。

健康提示：

此菜适宜春季食用，因为这季节的韭菜鲜嫩味美。韭菜梗下锅后翻炒几下立即出锅，不要炒过火。

鲜虾蛋饺汤

准备食材：

鲜虾 5 只、鸡蛋 2 只、小油菜 2 小颗、盐适量。

制作方法：

步骤 1：准备好材料；将新鲜的虾冲洗干净，焯水。

步骤 2：将焯好的虾去头部、虾线及外壳（外壳可以留下煮汤用），小

油菜洗净。

步骤3：炒锅里加入少量油，将鸡蛋打匀后，舀一勺，摊在炒锅中。

步骤4：在鸡蛋尚未凝固时加入虾仁，一点点盐；然后把鸡蛋对折，可在封口处加少量蛋液，也可以不加。

步骤5：反面略煎一下，盛出备用。

步骤6：锅内加入水（也可以是高汤）和虾壳，烧开后加入适量盐，小油菜和蛋饺，煮沸后即可食用。

扁豆炒肉丝

准备食材：

瘦猪肉500克，扁豆1公斤。炒菜油80克，滑肉用油1公斤（实耗45克），精盐20克，料酒5克，水淀粉100克，葱、姜丝适量，高汤600克。

制作方法：

步骤1：将扁豆择去两头，清洗干净，切丝，用开水烫透，捞出控净水。

步骤2：将瘦猪肉洗净，切成肉丝，放入盆内，用50克水淀粉、5克精盐上浆，用热锅温油滑散捞出。

步骤 3：将油放入锅内，热后下入葱姜丝炝锅，再投入肉丝、扁豆丝煸炒一下，加入高汤、精盐、料酒、味精，尝好味，待开时勾芡即成。

健康提示：

猪肉纤维较为细软，结缔组织较少，肌肉组织中含有较多的肌间脂肪，猪肉为人类提供优质蛋白质和必需的脂肪酸。猪肉可提供血红素（有机铁）和促进铁吸收的半胱氨酸，能改善缺铁性贫血。扁豆炒肉丝白绿相间，色泽美观，味道鲜嫩。

蒜苗炒肉丝

准备食材：

蒜苗 250 克、猪里脊 250 克、植物油 50 克、豆瓣一小勺、水淀粉 20 克、干花椒 5 克、盐适量。

制作方法：

步骤 1：将肉洗干净，切成细丝，和水淀粉、盐搅拌均匀。

步骤 2：蒜苗摘去老茎，洗净，切成 3 厘米长的段。

步骤 3：将油烧至 7 成热，加干花椒爆香。

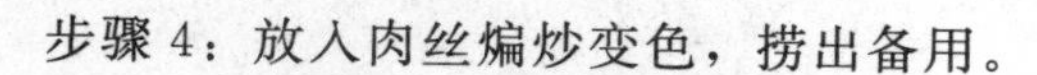

步骤 4：放入肉丝煸炒变色，捞出备用。

步骤 5：锅内放少许油，倒入蒜苗煸炒至软。

步骤 6：加入肉丝，放入豆瓣和蒜苗搅炒均匀，出锅装盘即可。

莴笋炒肉丝

准备食材：

莴笋250克，猪肉（肥瘦）150克，料酒5克，盐4克，酱油30克，甜面酱3克，大葱3克，味精2克，淀粉（玉米）10克，猪油（炼制）40克，花椒2克。

制作方法：

步骤1：将肉洗净切成6厘米左右长的“帘子根”丝。

步骤2：莴笋去根、叶，削去皮筋，也切成“帘子根”丝。

步骤3：将炒锅置于火上，放入油，热后下入肉丝，煸炒变色，下入葱末、面酱，待面酱炒熟。

步骤4：将莴笋丝下锅，翻炒两下，加入料酒、酱油，少许汤，再加入味精、精盐找口，勾芡，淋入花椒炒拌均匀即可。

健康提示：

莴笋肉质细嫩，生吃热炒均相宜。常吃莴笋可增强胃液和消化液的分泌，增进胆汁的分泌。莴笋中所含的氟元素，可参与牙釉质和牙本质的形成，对宝宝骨骼的生长特别有利。

青椒炒肉丝

准备食材：

瘦猪肉 200 克、青椒 150 克、大蒜 2 瓣、姜 10 克、酱油 15 毫升、料酒 10 毫升、淀粉 5 克、盐少许。

制作方法：

步骤 1：瘦猪肉洗净后切成细丝，用少许酱油、料酒和淀粉抓匀后腌制片刻。

步骤 2：青椒洗净、去蒂去籽后切成细丝，大蒜切碎、姜切末。

步骤 3：锅中倒入少许油，烧热后下大蒜和姜末爆香，放入腌好的肉丝迅速滑散开，肉丝变色后盛出。

步骤 4：锅留少许底油，放入青椒煸炒片刻，下肉丝翻炒、放入料酒、酱油和盐翻炒均匀即可。

苋菜银鱼粥

准备食材：

银鱼100克，米50克，苋菜25克，盐2克，胡椒粉2克，黄酒10克。

制作方法：

步骤1：苋菜洗净，氽水捞出后，立即放入冷水泡凉，再捞出沥尽水，分切成小段。

步骤2：小银鱼泡水，洗净备用。

步骤3：大米煮成稀粥，放入苋菜及小银鱼煮熟，加入盐、黄酒、胡椒粉调味、拌均匀即可。

绿豆芽炒肉丝

准备食材：

猪瘦肉丝200克、绿豆芽100克，植物油、盐、醋、葱丝、姜丝、淀粉各适量。

制作方法：

步骤1：绿豆芽择洗干净，沥水；猪瘦肉丝加入淀粉、盐拌匀。

步骤2：锅中加油，烧至三成热，放肉丝，煸炒片刻，捞出沥油。

步骤3：油锅加热，爆香葱丝、姜丝，再下入绿豆芽煸炒至断生，随后放入肉丝继续翻炒至熟，加入盐、醋调味即可。

蟹肉蒸蛋

准备食材：

鸡蛋 2 个，盐 1 茶匙，美极鲜 1 茶匙，蟹肉，1 茶匙的麻油。

制作方法：

鸡蛋 2 个，打匀，放盐 1 茶匙，美极鲜 1 茶匙，温水适量，用小勺去除泡沫，然后用保鲜膜包好上蒸锅蒸 25 分钟。然后把蟹肉放在蛋上再蒸 2 分钟，淋 1 茶匙的麻油就好。

狮子头

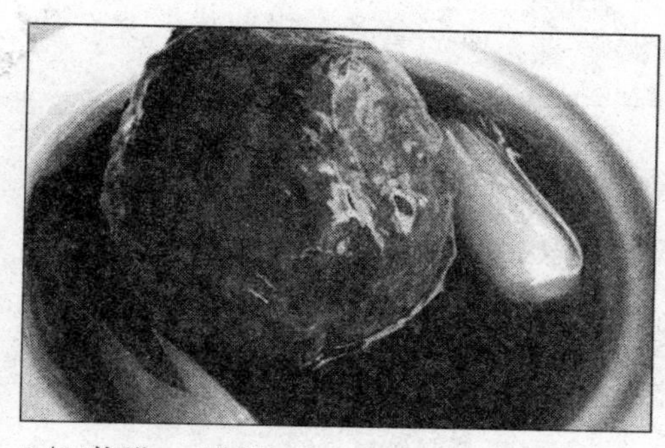

准备食材：

半肥瘦猪肉 350 克（约九两半），马蹄 75 克（约 2 两），榨菜 25 克（约六钱半），青骨白菜（青江菜）或白菜 500 克（约 13 两半）。调味料：生抽 2 汤匙，糖 1/2 茶匙，栗粉、酒、冻水各一茶匙，蛋白一个，胡椒粉少许，上汤 450 毫升，姜汁 2 汤匙。

制作方法：

步骤 1：猪肉洗净，剁碎，用调味汁腌约 1/2 小时。

步骤 2：马蹄洗净，切碎粒。

步骤 3：榨菜洗净，切碎粒，菜洗净。

步骤4：马蹄、榨菜与剁碎的猪肉同拌匀，向同一方向搅拌数次，平分为4～5等份，作成肉球。

步骤5：肉球置碟内，倒入汤汁料，盖好，高火煮8分钟。

步骤6：另放白菜于锅内，用高火煮5分钟。

步骤7：把肉球放于菜面，搅入栗粉水，加热煮1分钟即成。

四喜丸子

准备食材：

猪肉馅500克、马蹄50克、鸡蛋1个、葱20克、姜10克、生抽30毫升、老抽10毫升、料酒15毫升、白糖10克、干淀粉10克、香油5毫升、胡椒粉5克、盐少许、清水适量。

制作方法：

步骤1：马蹄去皮切成细小的碎粒，葱、姜切成碎末。

步骤2：肉馅放入碗中，打入鸡蛋、少许盐、胡椒粉、料酒、生抽15毫升、干淀粉，沿着一个方向搅拌上劲，加入葱、姜末、马蹄碎和香油拌匀。

步骤3：双手沾上清水，取1/4的肉馅放在手掌中，分别团成四个大小相等的大肉丸子。

步骤4：锅中倒入油，油热后放入肉丸子，炸至表面金黄后捞出。

步骤5：炒锅留少许油，放入葱、姜煸香后倒入清水，生抽15毫升、老抽、料酒、白糖和炸好的肉丸子，大火烧开后转小火炖煮约30分钟。至汤汁收过半时，用水淀粉勾芡即可。

芝麻猪肝

准备食材：

猪肝 300 克，油适量，酱油适量，料酒适量，生粉适量，芝麻适量。

制作方法：

步骤 1：备猪肝。

步骤 2：猪肝切薄片，入冷水中泡至干净。

步骤 3：将泡至好的猪肝沥水，加入料酒、酱油、生粉，拌至上浆。

步骤 4：热锅加油，将腌制好的猪肝下锅爆炒。

步骤 5：炒至猪肝熟透，加入适量芝麻增香提菜色即可。

步骤 6：一份芝麻猪肝完成。

刺猬丸子

准备食材：

猪肉馅 500 克，鸡蛋 3 个约 150 克。香油 15 克，精盐 10 克，料酒 3 克，味精 3 克，水淀粉 100 克，水 150 克，葱、姜末少许。

制作方法：

步骤 1：将江米用凉水泡 40 分钟，控净水待用。

步骤 2：将肉馅放入盆内，加入鸡蛋，葱姜末、精盐、味精、料酒、香油、水淀粉、清水，用力搅拌，待有粘性时，用手挤成 40 个大小相等的丸子。

步骤 3：最后将丸子逐个沾一层江米，放入盘内，上笼用旺火蒸 25 分钟即成。

鸡丝粥

准备食材：

鸡胸肉 30 克、稀饭半碗、玉米粒 40 克、红甜椒 30 克。

制作方法：

步骤 1：鸡胸肉蒸熟后剥成丝状。

步骤 2：将玉米粒、红甜椒及少许的盐加入稀饭中。

步骤 3：最后再加入鸡丝即可。

汆丸子汤

准备食材：

猪肉（肥瘦）350 克，油菜心 10 克，鸡蛋 50 克，盐 8 克，味精 3 克，料酒 5 克，淀粉（玉米）10 克，大葱 5 克，姜 5 克。

制作方法：

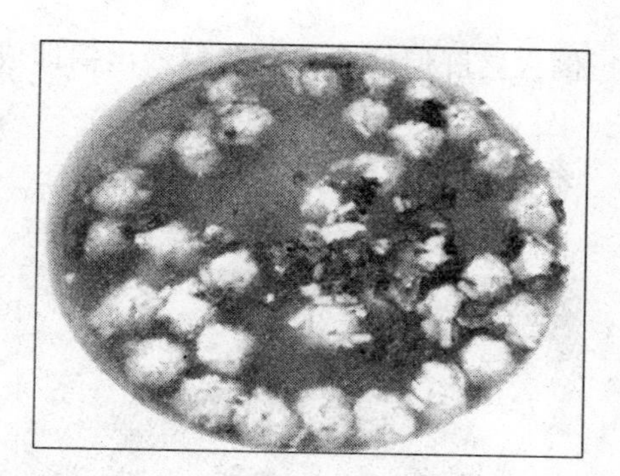

步骤 1：猪肉洗净，切碎，剁成茸，放入小盆内。

步骤 2：盆内放入葱姜末、精盐、米酒、鸡蛋清、淀粉、清水拌和均匀，搅拌上劲备用。

步骤 3：砂锅中倒入清水，放在火上，烧至八成热。

步骤 4：把肉茸挤成核桃大小的肉丸，放入水中继续加热至熟。

步骤 5：撇去浮沫，放入菜心，放入精盐、味精，待菜心熟，盛入汤碗内即成。

芹菜炒猪肝

准备食材：

猪肝 500 克，芹菜 1 颗（100 克），葱、姜、蒜、辣椒、盐、米酒、味精、淀粉适量。

制作方法：

步骤 1：葱，姜，蒜，辣椒，切末备用。

步骤 2：猪肝改刀，切片，入碗内，加精盐、味精、米酒略腌制。

步骤 3：加淀粉拌匀。

步骤 4：锅内入水，烧开后，下猪肝烫至 6 成熟，放入凉水浸泡，捞出备用。

步骤 5：锅内入油，四、五成时，煸香葱、姜、蒜、辣椒，炒香，再倒入猪肝煸炒，加芹菜翻炒出锅即成。

番茄丸子

准备食材：

肥肉馅500克，青菜250克，番茄酱100克，葱末10克，姜末5克，精盐18克，水淀粉15克。

制作方法：

步骤1：将肉馅放入盆内，加入葱姜末、精盐8克、水淀粉，搅匀后加番茄酱，再用力朝一个方向搅上劲待用。

步骤2：锅内放入清水，开后，将馅泥挤成1.5厘米大小的丸子氽入锅内，再加青菜、精盐略煮几分钟即成。

肉菜馅饼

准备食材：

面粉150克，净菜150克，肉馅70克，香油10克，酱油8克，黄酱7克，葱花6克，姜末2克，精盐适量，味精少许。

制作方法：

步骤1：将肉馅放入盆内，加入葱姜末、酱油、黄酱、精盐、味精、水少许，搅拌均匀，最后加入香油和剁碎挤净水分的菜馅，拌匀成馅。

步骤 2：将面粉放入盆内，加入适量的水，和成软面团，稍饧。

步骤 3：将面团揪成 50 克 2 个的剂子，擀成中间稍厚、边缘较薄的面皮，包馅收口，按成圆饼。

步骤 4：饼铛烧热，码放生坯，烙到两面呈浅黄色，刷油，洒点水，再加盖烙一下即成。

甜酸丸子

准备食材：

肥瘦猪肉馅 500 克，鸡蛋 2 个，面包屑 50 克，植物油 1 公斤，香油 10 克，精盐 15 克，姜末 5 克，料酒 6 克，番茄酱 50 克，醋 10 克，水淀粉 180 克。

制作方法：

步骤 1：将肉馅放入盆内，磕入鸡蛋，加入料酒 3 克，精盐 8 大匙，水淀粉 150 克，面包屑，番茄酱 10 克和姜末拌匀，挤成 1.5 厘米大小的丸子，放入温油锅内炸成金黄色后捞出。

步骤 2：炒锅内留底油少许下入番茄酱炒一下，待丸子上沾满芡汁后即可淋入香油食用。

滑炒鸭丝

准备食材：

鸭脯肉150克，玉兰片5克，香菜梗2克，蛋清1克，湿淀粉5克，精盐、料酒、葱姜丝、味精、植物油各适量。

制作方法：

步骤1：将鸭脯肉切成丝；玉兰片切成丝；香菜梗洗净切成3厘米长的段。

步骤2：鸭丝放入碗内，加入盐、味精、蛋清、湿淀粉抓匀；另一碗内放入料酒、味精、盐、葱姜丝，调成清汁。

步骤3：锅置火上，放油烧至六成热，将鸭丝下锅，滑透后立即捞出。

步骤4：锅置火上，留少许底油，倒入鸭丝、玉兰片、香菜梗，烹入清汁，颠翻数下，出锅即成。

步骤5：注意鸭丝不要滑炒时间太长，以免老化。

健康提示：

鸭肉含蛋白质、脂肪、碳水化合物、维生素 B_1、维生素 B_2 及钾、钠、氯、钙、磷、铁等成分。此菜适宜幼儿食用，常吃可促进生长发育，有益健康。

海鲜汤

准备食材：

腐竹约85克，中虾约250克，带子约150克，鲜鱿鱼约160克，虾米

1 汤匙，姜 1 片，芫荽少许，水 6 杯。腌料：盐 1/2 茶匙，生粉 1/4 茶匙，麻油、胡椒粉各适量。

制作方法：

步骤 1：虾去壳、除肠，切成双飞状，用盐擦洗，冲净，抹干水分，带子解冻，抹干水分，鱿鱼去内脏和紫色衣，洗净，划花切片，将各海鲜料加入腌料拌匀，腌约 10 分钟，放入沸水中烫一烫，即捞出，沥干水分。

步骤 2：虾米用温水洗净，沥干，腐竹用水冲净，撕碎。

步骤 3：烧热油半汤匙，爆香姜片、虾米，加入水烧滚，放入腐竹滚 20 分钟，加入海鲜后再滚，即下芫荽，以少许盐调味便成。

第五章

宝宝吃得好，健康生病少

（3~6岁宝宝食谱）

第一节　3～6 岁的宝宝吃什么免疫力强

孩子的免疫系统尚未强固，据估计，幼儿每年伤风感冒的次数是 6～10 次。随着年龄增长，孩子的免疫机能逐渐成熟，3 岁以上孩子体内免疫血清的抗体浓度即接近成人；8 岁后，整个免疫系统的抵抗力已和成人相当。

免疫系统负责保卫身体，免受细菌、病毒等传染病原的侵害，可说是体内的保全人员。无须靠药物或健康食品，以下 10 招便能捍卫孩子的免疫系统，使其发挥最佳功效。

1. **多喝水**

多喝水可以保持粘膜湿润，成为抵挡细菌的重要防线。80 磅（约 36 公斤）以下的孩子，一天应喝的水量是每 10 磅体重对应 250cc（也就是体重 18 公斤的孩子每天该喝 1000cc 的水）。

为了确保健康，应尽可能让孩子理解喝水的重要。上学、外出时让孩子背着水壶，车上随时放一瓶水，规定吃晚饭时每个人都要喝水，让喝水成为一个好习惯，而你也会发现水的另一个好处：即使不小心打翻，也不会弄脏衣物。

2. **不必过于干净**

免疫系统能对传染病原形成免疫记忆，万一再次遇上，可以很快将其

消灭，如果你家太干净，孩子没有机会透过感染产生抗体，抵抗力反
弱，并可能导致过敏和自体免疫失调。

世界卫生组织（WHO）曾警告，抗菌清洁用品会使微生物抗药
题更严重；而美国医学会也呼吁大众避免使用含抗菌成分的清洁用品
这些产品可能是抗药性微生物的来源，只要使用一般肥皂和水就可达
的效果。

3. **教孩子洗手**

虽然太抗菌、干净无益健康，但仍要培养孩子基本的卫生习惯，尤其
在上厕所后把手洗干净，可以防止拉肚子或尿道感染等疾病。

4. **足够的睡眠**

睡眠不良会让体内负责对付病毒和肿瘤的T细胞数目减少，生病的机率随之增加。专家建议成长中的孩子每天需要8～10小时的睡眠，如果你的孩子晚上睡得不够，可以让他白天小睡片刻。

5. **和孩子讨论身体自我治疗的能力**

让孩子了解身体具备的自愈力，当孩子感冒或擦伤，一起留意他复原的速度，如此孩子将学会相信自己的身体本能，不致过于依赖药物。

6. **多和其他孩子接触**

通过接触其他孩子，暴露在感染原下，可以刺激孩子的免疫反应，增强他的免疫系统，降低对过敏原起反应而引发气喘的机会。

7. **减糖**

有些专家认为摄取糖分过高的饮食，会干扰白血球的免疫功能。

8. **补充必需脂肪酸（EFAs)**

EFAs是提供细胞膜的重要成分，决定细胞膜的流动和弹性，对免疫细胞非常重要。人体无法自行合成EFAs，只能从天然食物包括海鲜、蔬果等中摄取，如鲑鱼、鲱鱼、沙丁鱼等深海鱼；胡桃、杏仁等坚果；亚麻

仁油、葵花油、红花籽油内也含有EFAs，但要注意，某些油如亚麻仁油需避免高温油炸，最好直接加在烹煮好的食物上。

9. **减压**

承受压力愈大愈容易感冒，教导孩子放松的技巧，适当安排活动，别让压力压垮孩子的免疫力。

10. **多吃蔬果**

现代孩子容易偏食，营养不均衡会造成肺和消化道粘膜变薄，抗体减少，影响人体防御功能。

柑橘类水果富含维生素C，能增加噬菌细胞的数量；强化天生杀手细胞活力；建立和维护粘膜、胶原组织，以帮助伤口痊愈。

胡萝卜及其他深橘色蔬果如芒果、甘薯等富含β胡萝卜素，可以在人体内转换成维生素A。维生素A能维持上皮细胞及粘膜组织健全，减轻感染；提高抗体反应，促进白血球生成；并参与捕捉破坏细胞的自由基。

其他可以滋养免疫系统的蔬果还包括番茄、十字花科蔬菜、大蒜、香菇等。

11. **减少污染是提高免疫力的保证**

加拿大卫生组织的调查显示：68%的疾病与室内污染有关，80%～90%的癌症起因与居住环境和生活习惯有关。

这些污染物包括进入室内的大气污染物，如沙尘、灰尘、重金属、臭氧、氮氧化物等；人体自身新陈代谢及各种生活废弃物的挥发成分，如粉尘、皮屑、棉絮、纤维、重金属、体味、各种寄生虫、螨虫、病菌、病毒、真菌、霉菌等；来自宠物的污染，如气味、寄生虫、细菌、毛、屑；香烟烟雾；建材装饰材料，如甲醛、氨、苯、臭氧和放射性物质氡等；日常生活用品如化妆品、杀虫剂、喷香剂、清洁剂等。

防止污染的办法：

首先要定时打开门窗换气。每天至少2次，选择上午9～11点、下午3～5点等空气污染低的时间段，每次不得少于45分钟，保证孩子房间空气流通。

二是多带孩子到空气清新的公园、绿地等处做户外运动，以增强儿童体质，提高他们的免疫力。

三是家庭装修，特别是孩子居室的装修，要选择绿色环保材料，且在装修半年内避免儿童入住。

四是每星期室内消毒1次，如用食醋熏蒸法，以减少病原微生物的数量。

五是鼓励孩子多吃蔬菜、水果、海带、猪血等具有抗污染功能的食物。

六是坚持体育锻炼，增强孩子机体抗污染的能力。

最后一点是父母不要当着孩子的面，或在孩子的居室里抽烟。

特别关注：保健品，对提高免疫力到底有没有用？

现在，市场上有很多保健类药物或食品，自称可以提高儿童的免疫力。这应该说是个好现象，说明全社会都普遍关注孩子的问题。但其中不少产品也可能对家长产生误导。

许多保健品对可以提高免疫力的描述有言过其词之嫌，缺少严格的科学验证，效果是十分有限的。此外，正如我们前面所述，免疫低下有不同的类型，不同的类型中每个人受影响的环节也各不相同。在不清楚免疫低下类型的前提下，盲目使用提高免疫力的药物或保健品可能起不到效果，还可能造成不良的后果，诸如破坏免疫平衡、引起身体其他异常改变等。事实上，绝大部分生理性免疫低下的儿童并不需要特殊的治疗。只要通过加强和平衡孩子的营养、增进体格锻炼，孩子身体的免疫状况都会得到明显改善，能很快适应环境。对于一些免疫低下表现较重的孩子，家长的首要任务是在免疫专科医生那里明确孩子免疫低下的类型，如果不存在先天性或后天继发性免疫低下，也可以使用一些药物治疗，但必须在医生的指导下进行。

总之，相对成人而言，免疫低下在孩子中普遍存在，重要的是分清楚免疫低下的类型。盲目使用促进免疫力的药物或保健品是不正确的。

第二节　3～6 岁的宝宝长高食谱

猪肝菠菜粥

准备食材：

大米，猪肝 200～300 克，菠菜 200～300 克，枸杞 10 个，姜、生抽、香油适量。

制作方法：

步骤 1：猪肝洗净，清水浸泡半小时，然后切小丁。

步骤 2：姜切丁，放到猪肝里，倒上生抽腌制一下。

步骤 3：大米放进电饭煲，粥的档位，水开后把猪肝放进去。

步骤 4：要起锅时把切好的菠菜和泡好的枸杞放入，放适量的盐，滴几滴香油就可以了。

青豆虾仁

准备食材：

虾仁 350 克，青豌豆 1/2 碗，鸡蛋 1 个，红辣椒 1 只，生粉 1 汤匙，油适量，盐适量。

制作方法：

步骤 1：打 1 个鸡蛋，取出蛋清倒入虾仁里，加 1/5 汤匙盐、1 汤匙生粉搅匀，放置 5 到 10 分钟后划油。

步骤 2：红辣椒洗净，剖开后去掉籽，切成丁状。

步骤 3：烧开半锅水，加 1 汤匙盐，倒入青豆大火煮 5 分钟，捞起青豆沥干水。

步骤 4：锅内加 2 汤匙油烧热，倒入虾仁炒 30 秒，直至虾仁颜色微红，然后捞起待用。

步骤 5：倒入 3 汤匙油烧热，青豆、红辣椒丁下锅大火翻炒 2 分钟，倒入虾仁，加少许料酒再炒 1 分钟。

步骤 6：最后加盐炒几下，让青豆虾仁入味，即可起锅。

玉米板栗排骨汤

准备食材：

排骨 400 克，板栗 10 余个，甜嫩玉米 1 个，枸杞适量，料酒适量，盐适量，姜片适量。

制作方法：

步骤1：排骨400克，板栗10余个，甜嫩玉米1个，枸杞、料酒、盐和姜片适量。

步骤2：玉米切成块，板栗掰皮。

步骤3：放半锅清水，放入洗净的排骨，用大火烧开，此时汤面会出现一层泡沫，这就是被煮出来的血水，关火，把排骨捞出洗净。

步骤4：砂锅放适量水烧开（一次放够，中途不再加水），把排骨、玉米块、板栗和姜、料酒一起放入，用大火烧开后转小火。

步骤5：小火炖两个小时，放枸杞和盐调味即可。

糍饭糕

准备食材：

糯米150克，大米300克，盐适量，蛋液适量，食用油适量。

制作方法：

步骤1：将糯米洗净，用适量水浸4小时。

步骤 2：糯米泡了 3.5 小时的时候，洗净大米用适量水浸泡半小时。

步骤 3：浸好后，全部倒入电饭煲煮饭。

步骤 4：煮饭完成后放少量盐搅拌均匀。

步骤 5：盛入乐扣之类的方形保鲜盒内压紧。

步骤 6：冷后盖上盖子放入冰箱过夜。

步骤 7：隔夜后从冰箱取出，切成烟盒厚薄大小。

步骤 8：切好的糍饭糕裹上蛋液。

步骤 9：烧热煎锅，下少量油，煎炸至两面金黄即可。

红枣豆浆

准备食材：

干黄豆 2/3 杯、干大米 1/3 杯、红枣（大致 3～5 颗，想要省事的话，可以选择御枣条来做，省去去核的步骤）。

制作方法：

步骤 1：将干黄豆用清水浸泡 4 个小时以上或在冰箱浸泡一夜。

步骤 2：将大米淘洗干净。

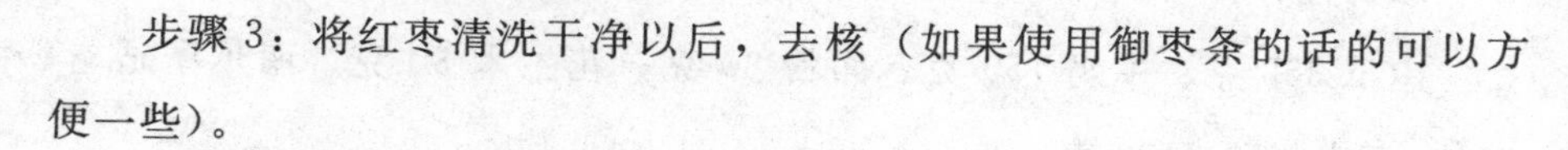

步骤 3：将红枣清洗干净以后，去核（如果使用御枣条的话的可以方便一些）。

步骤 4：将泡好的黄豆与原料洗净后混合放入杯体中，加水至上下水位线之间。

步骤 5：接通电源，按“五谷豆浆”键，十几分钟做好大米红枣豆浆。

香蕉枸杞燕麦粥

准备食材：

香蕉150克，燕麦50克，枸杞10克，水适量，冰糖适量。

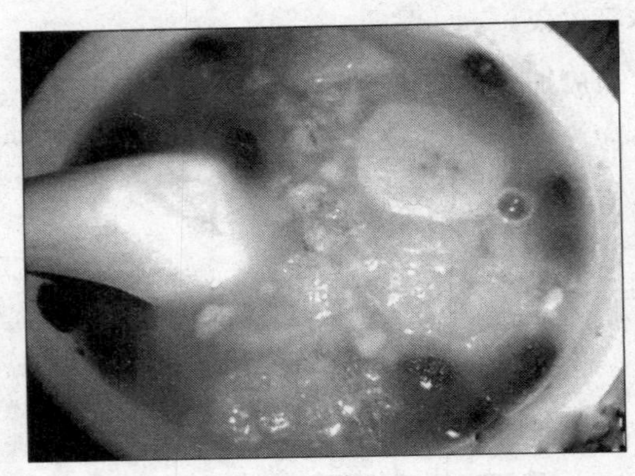

制作方法：

步骤1：香蕉剥皮切片。

步骤2：枸杞用温水浸泡十分钟，洗去细沙。

步骤3：锅内倒入清水，大火烧开。

步骤4：水开放入免煮燕麦片。

步骤5：再次大开后，关小火。

步骤6：放入香蕉。

步骤7：放入冰糖。

步骤8：放入枸杞，煮五分钟即可食用。

南瓜花生羹

准备食材：

南瓜350克、牛奶150克、面粉30克；花生米30克、南瓜子适量、黄油25克、砂糖30克。

制作方法：

步骤1：把所有材料准备好。

步骤2：南瓜切去外皮，切成小块。

步骤3：把切成小块的南瓜放入锅中，加入适量清水，煮熟。

步骤 4：花生米放入微波炉中火加热 4 分钟左右，至花生香香脆脆的。

步骤 5：取出花生，去掉红外衣。

步骤 6：用食物料理机将花生磨成花生粉备用。

步骤 7：用食物料理机把煮熟的南瓜搅拌成泥状。

步骤 8：倒入小锅中，加入牛奶和砂糖，搅拌均匀。

步骤 9：加入面粉，用打蛋器不断地搅拌，搅至均匀，没有白色的小颗粒。

步骤 10：搅拌至南瓜泥慢慢变成浓稠，加入黄油，搅拌至黄油溶化即可关火。

步骤 11：洒入花生粉和南瓜子。

步骤 12：搅拌均匀后，味道更香浓。

步骤 13：搅成泥后的南瓜和花生更容易吸收。

紫菜烧卖

准备食材：

糯米，老抽，肉馅，姜末葱末，洋葱，紫菜。

制作方法：

步骤 1：糯米用水泡 2 个小时，然后干蒸半小时。

步骤 2：将肉馅用生抽、老抽、姜末、葱末、色拉油、香油、盐拌匀，味道咸淡自己调配。

步骤 3：将一个洋葱切碎，放入碗中拌入面粉，防止洋葱汁往外流，

然后放入肉馅内拌匀。

步骤 4：将卷寿司用的紫菜裁成直径为 10 厘米的圆形。这里要用到一个很实用的小窍门，就是把紫菜用湿毛巾盖着。做烧麦外皮就会很软，才不破还好包。

步骤 5：把拌好的洋葱肉馅放在紫菜皮上做成烧麦状。下层放肉馅，上层放蒸好的糯米，这样吃起来不仅有多层次的口感而且不用再做主食了。

蚕豆炒脆骨肉

准备食材：

掌中宝、蚕豆、木耳，油、盐、味精、姜、蒜、辣椒。

制作方法：

步骤 1：蚕豆洗净去壳备用。

步骤 2：木耳洗净去蒂，撕小朵备用。

步骤 3：锅中热油烧 5 成热，放入姜、蒜、辣椒煸香。

步骤 4：放入掌中宝中火翻炒至金黄色，捞出沥油。

步骤 5：锅中入油，放入木耳翻炒 2 分钟。

步骤 6：放入蚕豆翻炒，加少许水，加盖煮 5 分钟至熟。

步骤7：放入掌中宝翻炒。

步骤8：加入盐、味精翻炒，搅拌均匀，即可。

锅包肉

准备食材：

猪里脊肉适量，胡萝卜（丝）适量，香菜少许，食盐少许，葱适量，姜少许，生抽少许，水淀粉适量，白砂糖适量，白醋适量，鸡蛋清适量。

制作方法：

步骤1：猪里脊肉切大片，厚约2～3毫米，不能太薄，太薄就炸干了。

步骤2：葱、姜、香菜、胡萝卜切丝，白糖、白醋、生抽、盐调汁。

步骤3：水淀粉加少许蛋清调成适当稠度的面糊，以肉片很容易均匀地裹上一层面糊，但又不是太厚为准。

步骤4：锅中油五六成热时，一片片下入裹好面糊的肉片，中火炸熟，捞出。

步骤5：将火调至大火，放入炸过的肉片，大火炸至焦脆、上色。

步骤6：锅中留少许底油，放入葱、姜、香菜、胡萝卜丝翻炒均匀。

步骤7：放入炸好的肉片翻炒均匀，淋入调汁，大火快速翻炒出锅即可。

丝瓜排骨粥

准备食材：

大米、排骨各150克，丝瓜120克，蘑菇100克，胡椒粉、姜片、食盐、香油各少许。

制作方法：

步骤1：丝瓜去皮洗净后切成片；蘑菇洗净后切成块；排骨洗净，焯水后捞出；大米洗净后用水浸泡30分钟。

步骤2：锅置火上，放入清水、排骨、姜片，大火煮开后撇去浮沫，转小火炖1小时，加入大米用中火煮开，再转小火煮20分钟。

步骤3：将姜片捞出，放入丝瓜片，蘑菇块，调入食盐、胡椒粉，再煮10分钟，淋入香油即可。

健康提示：

排骨能提供人体生理活动必需的优质蛋白质，脂肪，尤其是丰富的钙质可维护骨骼的健康。做这道菜时，应先把排骨加水，上火煲至出味后再放入大米，可避免粘锅，而且口味更佳。

糖醋红曲排骨

准备食材：

猪排骨500克，红曲5克，白醋、料酒、盐、白糖、大料、葱花、姜末各适量，胡椒面少许。

制作方法：

步骤 1：先将排骨洗净，剁成 3 厘米见方小块，倒入料酒、大料、葱、姜、盐、胡椒面，拌匀腌 20 分钟，入油锅中炸至五成熟捞出，入开水锅中漂去油质、备用。

步骤 2：锅注水上火，投入沥干水的排骨，加水、糖、料酒、白醋、红曲，煮至烂熟，用旺火将卤汁收干即可。

健康提示：

猪排骨提供人体生理活动必需的优质蛋白质、脂肪，尤其是丰富的钙质可维护骨骼健康。

鸡丝拌豆腐皮

准备食材：

油皮 200 克、青豆 50 克、鸡肉 150 克，盐 3 克、味精 2 克、姜 5 克、大蒜 5 克、香油 10 克。

制作方法：

步骤 1：将鸡肉煮熟并切成丝。

步骤 2：蒜切成末。

步骤 3：干豆腐（油皮）切成丝，用沸水汆好，用凉水投凉装盘。

步骤 4：把鸡肉丝、青豆放在豆腐丝上面，加入姜丝。

步骤 5：把高汤、精盐、味精、蒜末、香油调成汁，浇入盘内即成。

健康提示：

油皮含有多种矿物质及丰富的钙质，可促进骨骼发育，对小儿、老人的骨骼生长极为有利。鸡肉蛋白质含量较高，且易被人体吸收，有增强体力，强壮身体的作用。

紫菜豆腐羹

准备食材：

紫菜（干）40 克、豆腐（北）300 克、番茄 100 克、盐 2 克、小米面 10 克。

制作方法：

步骤 1：紫菜先用不下油之白锅略烘，再洗干净，用清水浸开，再用沸水煮一会，拭干水分，剪成粗条。

步骤 2：豆腐切成小方粒备用。

步骤 3：番茄切成小块，烧热锅，加油约 2 汤匙，放下番茄略炒，加入水 1/4 碗，待沸后，再加入豆腐粒与紫菜条同煮。

步骤 4：以 1 汤匙小米面混合半碗水，加入煮沸的紫菜汤内，加盐调味，便可关火进食。

健康提示：

孩子在 4～5 岁时，开始发育增高，此时进需要大量含钙质的食品，帮助骨骼生长，豆腐含丰富的钙质，紫菜等海藻食物含丰富的碘质，碘是甲状腺素的基本元素，对生长发育及新陈代谢是非常重要的。

第三节 3～6岁的宝宝推荐食谱

腐竹烧肉

准备食材：

腐竹300克，猪肋条肉（五花肉）300克，辣椒（红、尖、干）10克，酱油20克，盐7克，料酒10克，大葱30克，姜15克，八角5克，玉米淀粉30克，植物油70克。

制作方法：

步骤1：将五花肉切成2厘米见方，1厘米厚的块，放入盆内加酱油腌2分钟。

步骤2：葱切小段。

步骤3：姜切片。

步骤4：腐竹放入盆内，加入凉水泡5小时，使之发透，切成小段待用。

步骤5：锅上火，倒油烧至九成热，放入五花肉块炸成红色捞出。

步骤 6：锅留底油，上火烧热，加入葱段、干辣椒粒、料酒爆香。

步骤 7：下五花肉块，清水（以漫过肉为度），调入酱油、精盐、姜片。

步骤 8：待开锅后，转微火焖至八成熟。

步骤 9：加入腐竹同烧入味，勾芡即成。

粟米鱼块

准备食材：

细骨的海鲜鱼肉 225 克，粟米蓉半罐，姜 2 片，煮熟红萝卜切细粒 2 汤匙，盐 1/4 茶匙，生粉 2/3 茶匙，油 1 汤匙半。

制作方法：

步骤 1：鱼肉洗净，抹干水，切厚件，加入腌料捞匀，排在碟上，放下 2 片姜蒸 8 分钟至熟，取出姜不要。

步骤 2：烧热锅，下油 1 汤匙，放下粟米蓉、红萝卜及调味煮滚，埋芡，淋在鱼上，配上饭或意粉均可。

健康提示：

鱼肉营养丰富，具有养胃、通乳、解毒、止咳嗽的功效。粟米鱼块提供蛋白质、矿物质和维生素，以供生长及细胞修补。

西红柿黄焖牛肉

准备食材：

牛肉 1 公斤，西红柿 500 克。植物油 50 克，花椒油 50 克，高汤 500

克，酱油50克，料酒15克，白糖150克，味精5克，水淀粉50克，大料5瓣，葱20克，姜10克。

制作方法：

步骤1：将牛肉洗净，放入锅中，加入清水、葱、姜、大料、煮开，煮至用筷子能扎透肉块为止。

步骤2：将西红柿洗净，用开水烫一下，剥去皮，去掉籽，切成水象眼块，放在另一锅内，加入白糖100克煮透，倒出备用。

步骤3：将煮透的牛肉捞出晾凉，切成2厘米见方的块，锅内加油少许，放入大料，炸成金黄色，再放入葱、姜、料酒、酱油、味精、余下的白糖、高汤，搅匀，放入牛肉，用小火煮5分钟，将西红柿的糖汁滗去后放入锅内，再煮2～3分钟，待汤汁煮浓，用水淀粉勾芡，淋入花椒油即成。

番薯肝扒

准备食材：

猪肝，红薯，番茄，面粉，油，生抽，盐，糖，淀粉，水。

制作方法：

步骤1：猪肝洗净，切成小粒，放在生抽、盐、糖制成的腌料中腌10分钟。

步骤2：红薯洗干净，放在水中煮软，剥去外皮，压成泥，再加入猪肝粒、面粉，搅成糊状，用手团成厚一点的圆饼，放进油锅中，煎至两面

呈金黄色。

步骤 3：番茄洗净，用开水烫一下，剥去外皮，切块，放进油锅炒成番茄酱汁，用水淀粉勾芡，淋在肝扒上即成。

步骤 4：制作时，猪肝制成的厚块不能煎至太老而导致硬脆，这样不易消化。

健康提示：

猪肝的营养丰富，其丰富的铁质构成红血球中的血色素，可预防贫血。其含有的丰富维生素 A，能保护眼睛，维持正常视力，防止眼睛干涩、疲劳，并且能维持健康的肤色。

肉丝炒菠菜

准备食材：

瘦猪肉 250 克，菠菜 1 公斤，韭菜（或韭黄）250 克。植物油 150 克，酱油 25 克，精盐 17 克，水淀粉 25 克，葱、姜末各 10 克。

制作方法：

步骤 1：将瘦猪肉切成肉丝，放入盆内。加入精盐 5 克、水淀粉拦匀上浆，用热锅温油滑散，捞出沥油；菠菜择洗干净切成小段；韭菜择洗干净切段待用。

步骤 2：将油放入锅内，热后下入葱姜末炝锅，投入肉丝、酱油、精盐翻炒均匀，再投入韭菜、菠菜煸炒断生，出锅即成。

清蒸凤尾菇

准备食材：

鲜凤尾菇 500 克，精盐、味精、麻油、鸡汤各适量。

制作方法：

将凤尾菇去杂洗净，用手沿菌褶撕开，使菌褶向上，平放在汤盘内，加入精盐、味精、麻油、鸡汤，置笼内清蒸，蒸熟后取出即成。

健康提示：

新鲜凤尾菇富含蛋白、碳水化合物、纤维、硫胺素、核黄素、烟酸、钙、铁、钾、钠、磷等营养成分，且含有人体所需的 8 种氨基酸。

白菜炒木壁肉

准备食材：

猪肉丝（肥瘦）150 克，鸡蛋 150 克，净白菜帮 1 公斤，水发木耳 250 克，植物油 150 克，酱油 40 克，精盐 20 克，料酒 10 克，水淀粉 50 克，高汤（或水）300 克，葱、姜末各 10 克。

制作方法：

步骤 1：将白菜帮去掉边叶，切成大片，再顺切成 3 厘米长的丝，用少许油煸炒一下，出锅控净水分；鸡蛋打入碗内，用少许油炒熟。

步骤 2：将油放入锅内，下入肉丝煸炒断生，加入葱姜末、酱油、料酒再炒一下，投入木耳、白菜丝、炒熟的鸡蛋，搅匀，加入少许高汤（或水）、味精、精盐，开后勾芡即成。

黄瓜拌墨斗鱼

准备食材：

黄瓜 250 克，冷冻小墨鱼 500 克，红油、海鲜酱、磨豉酱、姜粒、白芝麻、酱油、糖各适量，醋、水淀粉少许，酒、香油各 50 克，花生油少许。

制作方法：

步骤 1：小墨鱼解冻，洗净，再放入热水中浸泡，捞出沥干；白芝麻放在不太热的锅里略炒。

步骤2：将酱油1茶匙，糖1～2茶匙，醋1～2茶匙和水淀粉，加少许水，调成调味汁，备用。

步骤3：红油、海鲜酱、磨豉酱加调味汁同放一碗中，拌匀，备用。

步骤4：锅内下花生油（或豆油），下姜粒爆香，再下入酒，放入调味汁炒匀。

步骤5：将小墨鱼放入锅中煮，至收干汁料，淋上香油，撒上芝麻拌匀。

步骤6：黄瓜洗净，切成片，放入盘内。将回锅墨鱼、香油、芝麻拌匀，放在黄瓜上即可食用。

酱烧茄子

准备食材：

茄子500克，香葱2棵，生姜1小块，大蒜10瓣，淀粉适量，食用油500克，甜面酱1大匙，酱油3小匙，精盐1/2小匙，白糖3小匙，味精1/2小匙。

制作方法：

步骤1：将茄子削去皮，切成2厘米见方的块，表面切十字花刀，葱、姜、蒜切片待用。

步骤2：将油下锅烧热后，下入茄子炸成金黄色捞出。

步骤3：锅中留底油，把葱、姜、蒜和甜面酱一同下锅煸炒，待出香味时放入适量清水。

步骤4：随即把茄子、白糖、精盐、味精、酱油一同放入烧开，改小火，待茄子烧透，勾入水淀粉烧开即成。

排骨炖土豆

准备食材：

猪排骨 500 克，土豆 500 克，花椒 3 克，料酒 5 克，姜 10 克，香菜 5 克，葱 10 克，盐 10 克，味精 5 克。

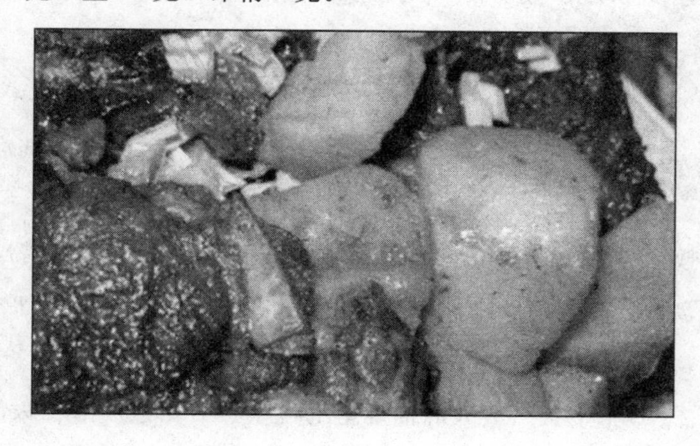

制作方法：

步骤 1：排骨首先用清水浸泡去血水。

步骤 2：高压锅里放糖，熬到糖冒烟的时候把排骨倒进去，来回翻炒至每块排骨都沾上糖色。

步骤 3：加入葱丝和姜片炒出香味，然后倒酱油，最好用老抽，颜色浓重，没有老抽多放一些普通酱油也可以。

步骤 4：加入花椒粉、大料瓣、料酒和盐，少添点汤，因为高压锅不吃水，大火烧至高压锅嗤嗤冒气 8 分钟关火，等待锅能轻松打开就好了。

虾皮冬瓜

准备食材：

冬瓜1000克，虾米100克，大蒜3克，精盐8克，味精4克，花椒3克，酱油3克，麻油3克。

制作方法：

步骤1：将冬瓜洗净，削去外皮，去瓜瓤，切成5厘米长的细丝，放入碗内，加少许精盐和凉开水，腌渍约3分钟，捞出挤干水分，放入盘内。拣去虾米中的杂质，放温水碗内泡软，放在冬瓜丝盘内，再加入精盐、味精、酱油拌匀待用。

步骤2：炒锅上火，放入麻油烧至七成熟，下花椒炸出香味，捞出花椒后将热油浇在冬瓜丝上，调拌均匀即成。

培根蔬菜卷

准备食材：

黄瓜一根、青椒半根、红萝卜半根、樱桃水萝卜5个、生菜一棵、培根十片。

制作方法：

步骤1：把各种原料洗干净。

步骤2：把黄瓜、青椒、红萝卜

切丝（如果有紫甘蓝的话也切丝，金针菇可以焯一下直接用），红萝卜用水焯一下。

步骤 3：樱桃萝卜切片，生菜洗干净。

步骤 4：用培根把菜丝卷起来，用牙签固定，樱桃萝卜和生菜叶子摆盘，既可以装饰，又可以食用。

步骤 5：生抽少许，加醋，小葱花、香油等调料，作为蘸料，就可以食用了。

珊瑚豆腐

准备食材：

嫩板豆腐 2 块，咸蛋 2 个，蒜茸 1 茶匙，葱 2 条，油 3 汤匙，芡料：盐 1/3 茶匙，胡椒粉少许，生粉 1 茶匙，水 3 汤匙。

制作方法：

步骤 1：葱洗净，切碎。

步骤 2：咸蛋洗净，蒸热，用清水浸冷，去壳，将蛋白切小粒，蛋黄搓成茸。

步骤 3：豆腐放入滚水中煮 2 分钟，捞起沥干水，待冷，搓成茸。

步骤 4：下油，爆香蒜，下豆腐炒透，下芡料再炒片刻，加入咸蛋黄、咸蛋白、葱花炒匀，上碟。

肉片炒油菜

准备食材：

瘦猪肉 50 克，油菜 250 克，植物油 50 克，酱油 10 克，精盐 5 克，料酒 3 克，水淀粉 15 克，葱、姜末少许。

制作方法：

步骤 1：将瘦猪肉切成指甲盖大小的肉片，用酱油、水淀粉、料酒上浆；用旺火温油将肉片滑散捞出沥油。

步骤 2：油菜择洗干净，切成 2 厘米大小的碎块。

步骤 3：将油放入锅内，然后放入滑好的肉片、葱姜末、酱油、精盐，搅炒均匀，投入油菜急炒几下即成。

番茄虾仁炒饭

准备食材：

虾仁 50 克，鸡蛋 1 个，西红柿、青豆适量，洋葱少许，白米饭 200 克。

调料：A 料：食用油 15 克，番茄酱 30 克；B 料：精盐、白糖各 3 克，胡椒粉少许。

制作方法：

步骤 1：虾仁挑除沙线，洗净，焯水烫透，捞出，沥净水分；西红柿切小丁，洋葱切末；青豆焯水处理后备用。鸡蛋打入碗中，搅成蛋液。

步骤 2：炒锅上火烧热，下入油、蛋液，快速炒散，起锅。

步骤 3：锅中再加油，用洋葱末爆香，加入 A 料，炒至色泽鲜红，下入 B 料再加入白米饭、虾仁、鸡蛋、西红柿和青豆，炒拌均匀即可。

特点：色泽粉红，甜酸味美，软嫩鲜香。

茄汁鸡蛋

准备食材：

番茄汁 150 克，植物油 200 克，白糖 75 克，精盐 10 克，葱末 10 克。

制作方法：

步骤 1：乌鸡蛋磕入碗中打散，搅拌均匀。

步骤 2：小番茄洗净，去皮，切碎。

步骤3：把切好的小番茄放入番茄沙司中，加少许水调匀，做成番茄汁。

步骤4：炒锅倒油烧热，放入鸡蛋液，炒散后盛出。

步骤5：炒锅至火上，倒油烧热，用葱末爆香。

步骤6：倒入调匀的番茄汁炒透，加入适量白糖和盐，炒匀。

步骤7：放入炒好的鸡蛋，翻炒均匀即可。

韭黄肉丝蛋面

准备食材：

猪肉75克，韭黄50克，蛋面80克，葱花少许，盐、味精、胡椒粉、香油各少许，高汤400毫升。

制作方法：

步骤1：猪肉洗净切丝，韭黄洗净切段。

步骤2：锅中注油烧热，放入猪肉丝炒熟，调入盐、味精、胡椒粉、高汤、韭黄煮入味，盛入碗中。

步骤3：锅中水烧开，放入蛋面，用筷子搅散，煮熟后捞出，沥干水分，放入盛有高汤的碗中，撒上葱花，淋上香油即可。

健康提示：

韭黄富含维生素E和氨基酸，超过白菜、油菜、芹菜、莴苣等叶类菜和所有瓜茄类蔬菜。具有调节胃肠道消化功能的作用，对脾、胰等脏器也有益。

四喜蒸饺

准备食材：

鲜肉馅、火腿、蛋黄、黑木耳、青菜、精盐、味精、胡椒粉、香油、猪油。

制作方法：

步骤 1：将面粉用沸水烫熟和成面团。鲜肉馅用调料调味。

步骤 2：火腿、蛋黄、黑木耳、青菜分别切末待用。

步骤 3：面团剂擀成面皮，包入鲜肉馅，捏成四喜饺生坯。将火腿末、蛋黄末、黑木耳末、青菜末点缀在饺子的四个眼中，上笼蒸熟装盘即可。

茭白炒金针菇

准备食材：

茭白 300 克，金针菇 150 克，水发木耳 50 克，姜 2 片，辣椒、香菜、盐、糖、醋、香油各适量。

制作方法：

步骤 1：茭白去壳，切细丝，入沸水中氽烫，捞出沥干。

步骤 2：辣椒去籽，切细丝。木耳、姜切细丝，香菜切段。金针菇洗净，入沸水中氽烫，捞出沥干。

步骤3：锅内加2茶匙油，烧热，爆香姜丝、辣椒丝，放入茭白、金针菇、木耳炒匀，加盐、糖、醋、香油调味，放入香菜段即可。

金针菇炒丝瓜

准备食材：

丝瓜600克，金针菇150克。干贝75克，葱2根，姜3片，盐1/2大匙，水淀粉1大匙。

制作方法：

步骤1：丝瓜洗净，去皮，切成4厘米长、3厘米宽的大块；葱洗净，切段；姜去皮，切片备用；金针菇切除根部，洗净。

步骤 2：干贝洗净，泡水 3 小时，放入碗中，加入 1 杯水，移入蒸锅中蒸至熟软，取出，沥干水分，以手撕成丝备用。

步骤 3：锅中倒入 1 大匙油烧热，放入葱、姜爆香，加入丝瓜以大火炒熟。

步骤 4：再加入 1/4 杯水煮至丝瓜软烂。最后加入所有材料及盐煮匀，淋入水淀粉勾芡，即可盛出。

毛豆浓汤

准备食材：

毛豆 200 克，鲜奶 200 毫升，盐 3 克。

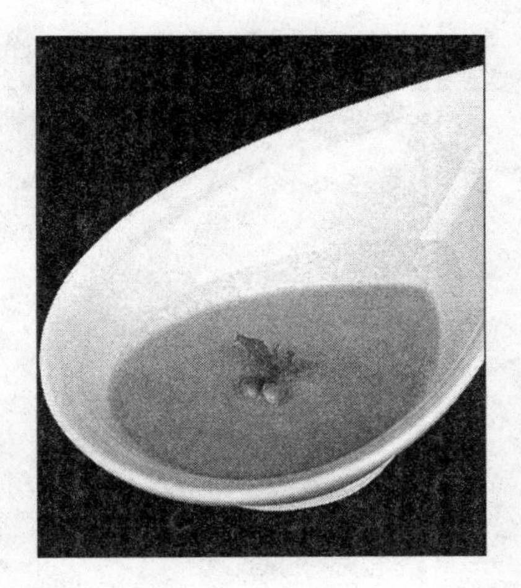

制作方法：

步骤 1：毛豆去薄膜、杂质洗净沥干水分。

步骤 2：倒入榨汁机中，加牛奶榨汁，再以细网过滤。

步骤 3：将滤好的汁倒入锅中，以中小火熬煮，边煮边搅拌，待滚沸，加盐调味即可。

健康提示：

毛豆中的卵磷脂是大脑发育不可缺少的营养之一，可以提高宝宝的记忆力和智力水平。

桂圆山药汤

准备食材：

桂圆干 60 克，红枣 50 克，山药 150 克，冰糖适量。

制作方法：

步骤 1：山药去皮，洗净，切丁。

步骤 2：红枣、桂圆干洗净，待用。

步骤 3：锅中放入山药、桂圆干、红枣，加适量清水大火煮沸，改用小火煮至材料熟软后，加入冰糖调味，即可食用。